과학공화국

수학법정

8

여러 가지 수열

과학공화국 수학법정 8
여러 가지 수열

ⓒ 정완상, 2008

초판 1쇄 발행일 | 2008년 1월 15일
초판 19쇄 발행일 | 2023년 8월 1일

지은이 | 정완상
펴낸이 | 정은영
펴낸곳 | (주)자음과모음

출판등록 | 2001년 11월 28일 제2001-000259호
주소 | 10881 경기도 파주시 회동길 325-20
전화 | 편집부 (02)324-2347, 경영지원부 (02)325-6047
팩스 | 편집부 (02)324-2348, 경영지원부 (02)2648-1311
e-mail | jamoteen@jamobook.com

ISBN 978-89-544-1482-1 (04410)

과학공화국 수학법정

8 여러 가지 수열

정완상(국립 경상대학교 교수) 지음

(주)자음과모음

생활 속에서 배우는 기상천외한 수학 수업

처음 법정 원고를 들고 출판사를 찾았던 때가 새삼스럽게 생각납니다. 당초 이렇게까지 장편 시리즈가 될 거라고는 상상도 못했습니다. 그저 한 권만이라도 생활 속의 과학 이야기를 재미있게 담은 책을 낼 수 있었으면 하는 마음이었습니다. 그런 소박한 마음에서 출발한 과학공화국 법정 시리즈는 총 10부까지 50권이라는 방대한 분량으로 제작하게 되었습니다.

과학공화국! 물론 제가 만든 말이지만 과학을 전공하고 과학을 사랑하는 한 사람으로서, 너무나 멋진 이름이었습니다. 그리고 저는 이 공화국에서 벌어지는 황당한 많은 사건들을 과학의 여러 분야와 연결시키는 노력을 해 왔습니다.

매번 에피소드를 만들려다 보니 머리에 쥐가 날 때도 한두 번이 아니었고, 워낙 출판 일정이 빡빡하게 진행되었기 때문에 이 시리즈의 원고를 쓰는 데 솔직히 너무 힘들었습니다. 그래서 적당한 시점에서 원고를 마칠까 하는 마음도 굴뚝같았습니다. 하지만 출판사에서는 이왕 시작한 시리즈니 각 과목 10권씩, 총 50권으로 완성하자고 했고, 저는 그 제안을 수락하게 되었습니다.

하지만 보람은 있었습니다. 교과서에 나오는 과학 내용을 생활 속의 에피소드에 녹여 저 나름대로 재판을 하는 과정에서 마치 제가 과학의 신이 된 것처럼 뿌듯하기도 했고, 상상의 나라인 과학공화국에서 즐거운 상상을 펼칠 수 있어서 좋았습니다.

과학공화국 시리즈를 진행하면서 많은 초등학생과 학부모님들을 만나 이야기를 나누었습니다. 그리고 그들이 저의 책을 재미있게 읽어 주고 과학을 점점 좋아하게 되는 모습을 지켜보며 좀 더 좋은 원고를 쓰고자 노력하였습니다.

이 책을 내도록 용기와 격려를 아끼지 않은 자음과모음의 강병철 사장님과 빡빡한 일정에도 불구하고 좋은 시리즈를 만들기 위해 함께 노력해 준 자음과모음의 모든 식구들, 그리고 진주에서 작업을 도와준 과학창작 동아리 SCICOM 식구들에게 감사를 드립니다.

진주에서

정완상

목차

이 책을 읽기 전에 생활 속에서 배우는 기상천외한 수학 수업 4
프롤로그 수학법정의 탄생 8

제1장 등차수열·조화수열·등비수열에 관한 사건 11

수학법정 1 등차수열- 15년 준비한 복수
수학법정 2 감소하는 등차수열- 바닥난 증권 투자
수학법정 3 기하평균- 가격 인상의 진실
수학법정 4 등비수열의 합- 배보다 배꼽이 더 커진 이유
수학법정 5 조화평균- 수학 못하는 해커의 비애
수학법정 6 조화수열- 세상에서 제일 특이한 작곡가
수학성적 끌어올리기

제2장 여러 가지 수열에 관한 사건 73

수학법정 7 여러 가지 수열 - 0과 1의 비밀
수학법정 8 신기한 수열 - 1, 2, 3, 다음에 오는 수가 4가 아니라
수학법정 9 표를 이용한 수열 - 수학 왕도 못 푼 한 문제
수학법정 10 여러 가지 수열 - 스크루지의 비밀번호
수학법정 11 수학 퍼즐 - 똑똑했던 그가 망신을 당한 이유
수학법정 12 피보나치수열- 토끼를 많이 가질 수 있는 방법
수학법정 13 신기한 수열 - 계산하지 않아도 풀리는 답
수학법정 14 여러 가지 수열- 경품을 둘러싼 수열의 음모
수학법정 15 순환소수의 규칙성 - 정보국 요원의 실수
수학성적 끌어올리기

판사

수치 변호사

제3장 무한수열에 관한 사건 165

수학법정 16 무한수열의 합– 수학 신데렐라
수학법정 17 진동하는 수열– 수학 울렁증
수학법정 18 무한등비수열의 합– 1의 비밀
수학법정 19 무한등비수열의 합– 라이벌 수학자의 무한 대결
수학법정 20 무한등비수열의 합– 전체의 반의 반, 또 반의 반……
수학법정 21 무한수열의 합– 아버지가 남긴 유언의 비밀
수학법정 22 신기한 수열– 하노이의 탑
수학법정 23 여러 가지 수열– 제곱수를 더하고 빼고

수학성적 끌어올리기

수학법정의 탄생

과학공화국이라고 부르는 나라가 있었다. 이 나라에는 과학을 좋아하는 사람이 모여 살았다. 인근에는 음악을 사랑하는 사람들이 살고 있는 뮤지오 왕국과 미술을 사랑하는 사람들이 사는 아티오 왕국, 공업을 장려하는 공업공화국 등 여러 나라가 있었다.

과학공화국에 사는 사람들은 다른 나라 사람들에 비해 과학을 좋아했다. 어떤 사람들은 물리를 좋아했고, 또 어떤 사람들은 수학을 좋아했다. 특히 다른 모든 과학 중에서 논리적으로 정확하게 설명해야 하는 수학의 경우, 과학공화국의 명성에 맞지 않게 국민들의 수준은 그리 높은 편이 아니었다. 그리하여 공업공화국의 아이들과 과학공화국의 아이들이 수학 시험을 치르면 오히려 공업공화국 아이들의 점수가 더 높을 정도였다.

특히 최근 공화국 전체에 인터넷이 급속히 퍼지면서 게임에 중독된 과학공화국 아이들의 수학 실력은 기준 이하로 떨어졌다. 그러다 보니 자연 수학 과외나 학원이 성행하게 되었고, 그런 와중에 아이들에게 엉터리 수학을 가르치는 무자격 교사들이 우후죽순으로 나타나기 시작했다.

일상생활을 하다 보면 수학과 관련한 여러 가지 문제에 부딪히게 되는데, 과학공화국 국민들의 수학에 대한 이해가 떨어져 곳곳에서 수학적인 문제로 분쟁이 끊이지 않았다. 그리하여 과학공화국의 박 과학 대통령은 장관들과 이 문제를 논의하기 위해 회의를 열었다.

"최근 들어 잦아진 수학 분쟁을 어떻게 처리하면 좋겠소?"

대통령이 힘없이 말을 꺼냈다.

"헌법에 수학적인 조항을 좀 추가하면 어떨까요?"

법무부 장관이 자신 있게 말했다.

"좀 약하지 않을까?"

대통령이 못마땅한 듯이 대답했다.

"그럼, 수학적인 문제만을 대상으로 판결을 내리는 새로운 법정을 만들면 어떨까요?"

수학부 장관이 말했다.

"바로 그거야. 과학공화국답게 그런 법정이 있어야지. 그래! 수학법정을 만들면 되는 거야. 그리고 그 법정에서 다룬 판례들을 신문에 게재하면 사람들은 더 이상 다투지 않고 시시비비를 가릴 수 있게 되겠지."

대통령은 환하게 웃으며 흡족해했다.

"그럼 국회에서 새로운 수학법을 만들어야 하지 않습니까?"

법무부 장관이 약간 불만족스러운 듯한 표정으로 말했다.

"수학은 가장 논리적인 학문입니다. 누가 풀든지 같은 문제에 대해서는 같은 정답이 나오는 게 수학입니다. 그러므로 수학법정에서는 새로운 법을 만들 필요가 없습니다. 혹시 새로운 수학이 나온다면 모를까……."

수학부 장관이 법무부 장관의 말에 반박했다.

"그래, 나도 수학을 좋아하지만 어떤 방법으로 풀든 답은 같았어."

대통령은 곧 수학법정 건립을 확정 지었다. 이렇게 해서 과학공화국에는 수학과 관련된 문제를 판결하는 수학법정이 만들어지게 되었다.

초대 수학법정의 판사는 수학에 대해 많은 연구를 하고 책도 많이 쓴 수학짱 박사가 맡게 되었다. 그리고 두 명의 변호사를 선발했는데, 한 사람은 수학과를 졸업했지만 수학에 대해 그리 잘 알지 못하는 수치라는 이름을 가진 40대 남성이었고, 다른 한 명의 변호사는 어릴 때부터 수학 경시대회에서 대상을 놓치지 않았던 수학 천재 매쓰였다.

이렇게 해서 과학공화국 사람들 사이에서 벌어지는 수학과 관련된 많은 사건들은 수학법정의 판결을 통해 깨끗하게 해결될 수 있었다.

제1장

등차수열 · 조화수열 · 등비수열에 관한 사건

등차수열- 15년 준비한 복수

감소하는 등차수열- 바닥난 증권 투자

기하평균- 가격 인상의 진실

등비수열의 합- 배보다 배꼽이 더 커진 이유

조화평균- 수학 못하는 해커의 비애

조화수열- 세상에서 제일 특이한 작곡가

15년 준비한 복수

2, 5, 8, 11, ……로 진행되는 수열의 1000번째 숫자는?

"삼촌, 그 이야기 들으셨어요? 우리 똑똑이가 이번에도 또 일등을 했어요. 제가 그래서 한마디 해 줬죠. '똑똑아, 너무 일등만 하면 안 된다. 가서 친구들하고도 좀 놀고 그래야지, 그렇게 공부만 하면 어떡하니?' 이랬더니 글쎄, 저희 똑똑이가 '엄마, 세상엔 참 재미있는 것들이 많아.' 아, 이러지 않겠어요. 어쩜, 이건 공부가 취미고 특기니……호호호!"

이똑똑, 녀석은 나의 사촌이다. 어렸을 적부터 나의 최고의 라이벌이자, 나를 매번 고통의 나락으로 밀어 넣었던 이 녀석. 명절 때만 되면 일등을 했다는 똑똑이 때문에 나는 늘 주눅 들어 있었고, 15년이 지난 지금까지도 그 녀석은 나의 경계 대상 1호이다. 물론, 아무도 내가 그 녀석의 라이벌이라고 생각하지 않고, 너무나 평범해서 이름도 평범이라고 지었을망정, 난 마음속 깊이 언젠가 내가 그 녀석을 꼭 이기고 말리라 다짐했었다. 하지만 우리 집안 호적에서 그 녀석의 이름을 빼 버리지 않는 이상 그 녀석과의 전쟁은 끝이 보이지 않을 것이다.

그 후 대학에 진학하고 직장에 다니면서 먼저 결혼을 했던 그 녀석의 아들이 태어나게 되었다. 그리고 그때부터 우리의 전쟁은 새로운 국면을 맞이하게 되었다. 바로 2세들의 대결! 나보다 1년 정도 먼저 결혼을 한 그 녀석이 아이를 낳고 5개월 후 우리 부부 역시 아이를 갖게 되었다. 그리고 시간이 흘러 우리 아이가 그 녀석의 아이보다 한글을 빨리 익히게 되었을 때 나는 알게 되었다.

'우리 아들이 아버지의 한을 풀어 줄 수 있겠구나……. 이 녀석은 천재야!'

이렇게 제2라운드에 돌입한 그 녀석과의 전쟁은 아이들이 점점 커 가면서 그 열기가 뜨거워지기 시작했다.

"똑똑아, 그거 알아? 우리 애가 너희 애보다 한글 빨리 읽은 거~."

"그래? 축하한다. 근데 어쩌니? 우리 애, 어제부로 한글 끝내고 영어 들어갔는데……. 비록 너희보다 한글은 좀 늦게 읽었지만, 애가 내 머리를 닮아서 그런지 금방금방 배우더니 금세 끝내 버리더라고. 역시 부전자전이야."

똑똑이의 아이보다 한글을 먼저 읽기 시작했기 때문에 이번만큼은 그 녀석의 콧대를 납작하게 만들어 줄 거라고 생각했는데, 오히려 내 콧대가 더 낮아져 버렸다. 하지만 내 아이가 어디 보통 아이인가! 나는 다시 호흡을 가다듬고 녀석과의 2라운드를 더욱 치밀하게 준비했다.

덕분에 똑똑이의 아들과 우리 아이는 초등학교도 들어가기 전에 영어를 비롯해 많은 공부들을 마치게 되었고, 이것이 동네에 퍼지면서 두 아이가 천재라는 소문으로 발전하게 되었다. 물론, 아이들이 똑똑했기 때문에 그만큼의 공부가 가능했지만, 천재라는 소리는 나를 조금씩 압박해 왔다. 그러던 어느 날, 드디어 심판의 날이자 복수의 시간이 다가왔다.

"여보, 그거 들었어요?"

"뭐? 우리 아들 똑똑한 거? 그거야 날 닮아서 그런 거니까 당연한 거고."

"얼씨구! 내가 당신 학교 다닐 때 성적표 봤어요. 그러니까 장난 말고! 내가 하고 싶은 말이 뭐냐 하면, 요번 주에 수학시에서 축제하는 거 알지? 거기에서 어린이 퀴즈 왕을 뽑는다는 거야. 그래서 우리 애도 한번 내보낼까 하고 있는데 자기 사촌, 똑똑이가 아들을 퀴즈 대회에 내보내려고 접수 시켰다는 거야. 그래서 나도 원서를 확 넣어 버렸지 뭐야."

"아니, 당신은! 아, 아니지…… 오히려 이게 더 좋은 기회가 될 수도 있어. 당신 내가 어렸을 때부터 똑똑이 때문에 당한 수모 알지? 그걸 우리 아들이 갚아 줄 거라고. 하하하!"

나는 퀴즈 대회에서 우리 아들이 똑똑이의 아들을 누르고 일등을 하면 그동안 내가 당한 설움에 대한 복수가 될 거라고 생각했다. 그래서 2주 뒤에 있을 퀴즈 대회를 위해 아들과 함께 준비를 하기 시작했다. 어차피 초등부에 출전할 거라 별다른 걱정은 하지 않았지만, 혹시나 똑똑이의 아들이 치밀하게 준비해 와서 우승할 가능성도 있기 때문에 대회 당일까지 긴장의 끈을 놓지 않았다.

대회 당일, 초등부 퀴즈 대회가 가장 먼저 열린다는 방송이 나왔다. 그 전부터 똑똑이의 아들을 비롯해 천재로 유명한 아이들이 모두 나온다는 소식을 듣고 꽤 많은 사람들이 몰려들어, 누가 우승할 것인가에 대해 관심을 쏟고 있었다.

"안녕하십니까. 수학시 축제의 하이라이트! 어린이 퀴즈 왕 시간인데요. 이번 대회에는 특별히 수학시에서 천재로 소문난 두 친구가 나왔습니다. 자, 그럼 모두의 관심을 모아 출발하겠습니다! 첫 번째 문제는 수학입니다. 다소 어려울 것 같은 문제지만 쟁쟁한 친구들이기 때문에 일단 한번 풀어 봅시다! 2, 5, 8, 11,…… 이렇게 이어지는 숫자가 있습니다. 과연 1000번째 숫자는 무엇일까요?"

아이들은 처음 접하는 문제에 당황했다. 그 와중에서도 똑똑이의 아들이 답을 말했지만 오답이었다. 사람들은 동네에서 소문난 천재라고 불리던 아이들조차 문제를 풀지 못하자 김샜다며 하나둘씩 자리를 뜨기 시작했고, 나는 어렸을 적부터 당해 왔던 내 설움을 갚아 줄 기회를 이렇게 아이들이 풀 수 없는 문제를 내 날려 버린 퀴즈 대회 담당자한테 가서 따져 물었다.

"이보세요, 아이들이 풀 수 있는 문제를 내야죠. 이게 뭡니까? 아까 무대 위에서 당황하던 아이들의 얼굴 보셨죠? 거기다 사람들이 한마디씩 하고 떠날 때마다 안절부절못하던 것도 보셨나요? 도대체 왜 그런 문제를 내서 아이들에게 충격을 주는지 모르겠군요. 즐기자고 만든 축제가 오히려 아이들에게 큰 상처를 주었습니다. 여기에 대해서 보상해 주시죠."

"아이들이 문제를 못 푼 건 저희들 잘못이 아닙니다. 왜 여기 와서 억지를 쓰십니까?"

나는 아이들이 받은 충격도 충격이지만, 내 복수의 기회를 날려 버린 퀴즈 대회 담당자의 무책임한 발언에 화가 나서 담당자를 고소해 버렸다. 도대체 1000번째 숫자가 뭐란 말인가? 이런 황당한 문제를 내다니, 그 자리에서 1000번째까지 세라는 소리도 아니고…….

숫자들이 규칙을 가지고 나열된 것을 수열이라 하고,
일정한 수가 더해지는 수열을 등차수열이라고 합니다.

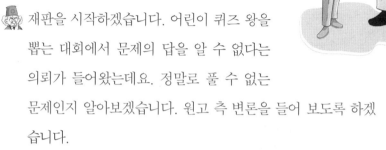

2, 5, 8, 11, ……로 진행되는 수열의
1000번째 숫자를 금방 구할 수 있을까요?
수학법정에서 알아봅시다.

재판을 시작하겠습니다. 어린이 퀴즈 왕을
뽑는 대회에서 문제의 답을 알 수 없다는
의뢰가 들어왔는데요. 정말로 풀 수 없는
문제인지 알아보겠습니다. 원고 측 변론을 들어 보도록 하겠
습니다.

수학시 축제의 하이라이트인 어린이 퀴즈 왕을 뽑는 문제가
출제되었지만, 참가한 어린이들 가운데 한 사람도 이 문제를
풀지 못했습니다. 소위 천재라고 하는 아이들이 참가했음에
도 불구하고 답을 찾을 수 없었다면, 분명 문제가 성립되지
않거나 이상한 문제일 것입니다.

어린이 퀴즈 왕을 뽑는 문제는 어떤 문제이며, 그 문제가 이
상하다고 주장하는 근거는 무엇인가요?

2, 5, 8, 11,…… 이렇게 이어질 때 1000번째 숫자가 무엇인
지를 묻는 문제입니다. 1000번째 숫자를 구하기 위해 1000번
째까지 수를 세어 보라고 낸 문제는 아닐 것입니다. 분명히
이 문제는 수학적으로 풀어서 답을 찾을 수 없다고 봅니다.

수학 문제를 낸 퀴즈 대회 담당자 측에서는 어떤 주장을 하고

있습니까? 정말 풀지 못하는 문제인가요? 피고 측 변론을 들어 보겠습니다.

풀지 못하는 문제를 낸다는 것은 축제에 참가하는 사람들에 대한 예의가 아닙니다. 충분한 검토와 확인을 마친 문제를 출제한 것이므로 분명 문제의 해답이 있습니다.

문제를 풀어 주실 수 있습니까?

물론입니다. 문제 푸는 과정을 설명해 주실 분을 증인으로 모시겠습니다. 수학 경시대회에서 5년 연속 1위를 차지하고 있는 수천재 씨를 증인으로 요청합니다.

증인 요청을 받아들이겠습니다.

연습장 두 권을 옆구리에 낀 20대 중반의 남성이 계속해서 수학 공식을 중얼거리며 증인석에 앉았다.

이번 어린이 퀴즈 왕 수학 문제는 정답을 알아낼 수 있는 문제입니까?

물론 문제를 풀 수 있기 때문에 정답을 알 수 있습니다.

문제 푸는 과정과 정답을 말씀해 주십시오.

문제를 보면 2, 5, 8, 11까지 나와 있는데요. 여기까지의 수에서 알 수 있는 것은 3씩 커진다는 겁니다. 이때 2, 5, 8, 11을 각각 제1항, 제2항, 제3항, 제4항이라고 부릅니다. 문제는 제

1000항의 값을 구하는 거죠.

 그걸 어떻게 구하죠?

 다음과 같은 규칙이 있습니다.

1항 : 2

2항 : $2 + 3 \times 1$

3항 : $2 + 3 \times 2$

4항 : $2 + 3 \times 3$

그러므로 1000항의 수는 $2 + 3 \times 999$가 되지요. 이것을 계산하면 2999가 되니까 답은 2999입니다.

 아이들이 정답을 알 수 없었던 것은 무엇 때문이라고 생각하십니까?

 아이들이 정답을 알 수 없었던 것은 규칙성을 찾지 못했기 때문입니다. 2, 5, 8, 11,……처럼 숫자들이 규칙을 가지고 나열된 것을 수열이라고 합니다. 그리고 이처럼 일정한 수가 더해지는 수열을 등차수열이라고 하지요. 아이들이 수열의 규칙을 찾을 수 있었다면 문제는 쉽게 해결되었을 것입니다.

 증인께서 문제를 풀 때 그렇게 힘들게 느껴지지 않았던 것은 숫자의 규칙성을 찾아 수식을 세워 값을 얻었기 때문이군요. 전혀 풀 수 없을 것 같았던 문제였지만 증인의 설명으로 쉽게 해결되었습니다. 따라서 문제가 이상하다는 것은 잘못된 생각이며, 1000번째 숫자의 답은 2999였습니다.

 어린이 퀴즈 왕을 뽑는 문제의 정답은 2999로 밝혀졌습니다. 이번 문제는 정상적인 문제였으며, 답을 찾지 못한 것은 아이들을 천재라고 생각한 어른들의 오해에서 시작되었군요. 아이들에게 너무 큰 기대를 갖게 되면 아이들은 점점 더 그 기대에 부합하도록 노력해야 하고, 갈수록 힘들어 할 것입니다. 아이들을 너무 힘들게 하지 않도록 해야겠습니다. 이상으로 재판을 마치겠습니다.

수열의 정의

1, 3, 5, ……처럼 수들 사이에 일정한 규칙이 있도록 나열된 수들을 수열이라고 한다. 하지만 1, 3, 10, 1000, 2, ……는 수들 사이에 일정한 규칙이 없으므로 수열이 아니다.

바닥난 증권 투자

마이너스 금액이 되는 시점은 언제일까요?

오늘은 이상큼 양의 첫 월급날이다. 대학을 졸업하고 어렵게 취직하여 받는 월급이니만큼 이래저래 고마운 분들께 감사를 표할 생각에 들떠 있었다.

"부모님께 드릴 선물하고, 친구들한테 저녁 사고, 이래저래 쓰고 남는 돈으로는 뭐 하지?"

골똘히 생각에 빠져 있는 이상큼 양 옆으로 직장 상사인 김대리가 와서 한마디 건넸다.

"이상큼 씨 첫 월급인데 설레지? 나도 첫 월급 받던 때가 생각나네. 그때 부모님께 선물하고 남은 돈은 고스란히 적금 들었지. 요즘같이 재테크를 많이 하는 시대에 태어났으면 그 돈 가지고 주식이라도 해 봤을 텐데 한다니까. 아참, 상큼 씨는 재테크 어떻게 해? 요즘은 대학생들도 돈 모아서 주식하고 그런다던데."

때마침 월급으로 뭐 할까 고민하고 있던 이상큼 양은 며칠 전 학교 선배가 주식으로 돈을 벌어 차를 샀다는 이야기를 떠올렸다.

"저도 뭐 할까 고민하고 있었는데, 주식이 괜찮을 것 같네요. 제 전공도 경제학이니 주식에 대해 공부해서 한번 도전해 봐야겠어요. 좋은 아이디어 감사합니다!"

"내가 한 게 뭐 있다고……. 어쨌든 고맙다니 좋네. 하하!"

그날 저녁 이상큼 양은 집에 오는 길에 서점에 들러 주식에 필요한 서적을 샀다. 말 나온 김에 바로 공부를 시작해야겠다고 생각했기 때문이다. 하지만 아무리 읽어도 주식 투자에 대한 내용이 너무 어려워서 이상큼 양은 한 줄도 이해할 수 없었다.

"정말 너무 어려워."

이상큼 양은 책을 던져 버리고 침대에 누웠다. 하지만 재테크에 대한 미련이 많이 남아 있어서 그런지 잠이 쉽사리 오지 않았다.

다음 날 아침, 늦잠에서 깬 이상큼 양은 무심코 케이블 텔레비전을 보다가 주식 투자 회사의 광고를 보게 되었다.

"그래! 약은 약사에게, 주식은 주식 전문가에게. 그거야!"

이상큼 양은 결국 자신의 돈을 전문가에게 맡기기로 결심하고 재테크 컴퍼니라는 회사를 찾았다. 깔끔하게 양복을 차려입은 30

대 중반의 남자가 이상큼 양을 맞았다.

"재테크 컴퍼니의 강투자 대리입니다. 어떻게 오셨나요?"

"주식 투자라는 게 너무 어렵더군요. 책을 읽는다고 되는 게 아닌 것 같아요. 어쨌든 잘 부탁드립니다."

"걱정 마세요. 요즘 주식시장이 조금 흔들리고 있지만, 다시 예전의 좋았던 상태로 돌아갈 겁니다. 그때를 겨냥해 지금 투자를 하는 거죠."

강투자 씨의 자신 있는 설명에 만족스러운 이상큼 양은 자신의 돈이 얼마만큼 늘어날지 상상하며 행복해 했다. 그리고는 자신의 전 재산인 7000달란을 강투자 씨에게 맡겼다. 하지만 다음 날부터 이상큼 양이 투자한 주식은 매일 300달란씩 떨어졌다.

"강투자 씨, 주가가 점점……."

"걱정 마세요. 제가 처음에 말씀드렸잖아요. 지금은 시장이 안 좋지만 금방 예전의 좋았던 상태로 돌아갈 거라고요. 하루에 300달란 줄어든다고 금방 만 달란이 사라지나요? 너무 걱정 마세요. 올라갈 땐 수천 달란씩 올라갈 거예요."

강투자의 말을 철석같이 믿고 있던 이상큼 양은 조금씩 불안해지기 시작했다. 전문가라고 해서 항상 옳을 수만은 없기 때문이다. 그녀는 인터넷으로 강투자가 투자했다고 하는 주식의 가격을 확인해 보았다. 놀랍게도 매일 300달란씩 주식 가격이 떨어지고 있었다. 마음이 급해진 이상큼 양은 다시 강투자에게 전화를 걸었다.

"또 3백달란이 떨어졌다고요. 이렇게 하루하루 떨어지다 보면 오히려 마이너스가 되지 않을까요?"

"걱정 마세요. 설마 마이너스 금액이 되겠어요? 저를 믿으세요."

"믿으라는 말 좀 그만하세요. 그리고 혹시라도 마이너스가 될 것 같으면 그 전에 주식을 모두 팔아 주세요. 마이너스가 되면 큰일이라고요."

이상큼 양의 답답한 속을 아는지 모르는지 투자 전문가는 어떻게 마이너스가 되겠냐며 오히려 콧방귀를 뀌었다. 하지만 그녀의 예상은 적중했다. 24일이 지난 후 자신이 그렇게 걱정하던 마이너스 금액이 되어 버린 것이다.

"이보세요! 정말로 마이너스가 됐잖아요! 제가 마이너스 금액이 될 것 같다고 말할 땐 눈도 꿈쩍 안 하더니, 이제 어떻게 하실 거예요!"

"이게 참, 저도 난감하네요. 어떻게 마이너스가 될 수 있지?"

"전문가라는 사람이 어떻게 그런 말을…… 남의 돈이라고 우습다 이거죠? 두고 보세요!"

자신의 돈을 소중하게 다루지 않은 것에 화가 난 이상큼 양은 결국 강투자 씨를 고소하였다.

수 사이의 차가 일정한 등차수열에서
공통된 차를 '공차' 라고 합니다.

일정한 수만큼 줄어들면 언제 음수가 될까요?
수학법정에서 알아봅시다.

 재판을 시작합니다. 먼저 피고 측 변론
하세요.

 주식의 가격이 오를지 내릴지는 아무도
모르는 일이에요. 그러므로 주식 투자를 전문가에게 맡겼다
면 돈을 벌든 잃든 그건 투자를 한 사람의 책임이라고 봅니
다. 그러므로 강투자 씨에게는 아무 책임이 없다는 것이 본
변호사의 주장입니다.

 원고 측 변론하세요.

 등차수열 전문가인 도해봐 박사를 증인으로 요청합니다.

　　온몸에 치렁치렁한 장신구를 걸치고 화장을 짙게 한
40대 여자가 증인석에 앉았다.

 이번 사건을 어떻게 보시죠?

 이번 사건은 점점 감소하는 등차수열에 대한 사건입니다.

 그게 무슨 말이죠?

 주식의 가격이 매일 300달란씩 떨어지므로 처음 투자한 7000

달란이 1일 후에는 7000-300달란이 됩니다. 이것을 7000＋ (-300)이라고 쓸 수 있지요.

2일 후에는 어떻게 되죠?

또 300달란이 떨어지니까 7000＋(-300)×2 가 되지요.

그럼 음수가 될 수 있나요?

물론입니다. 이 경우 처음 투자한 돈에 매일 더해지는 값이 음수이므로 투자한 돈은 점점 감소하여 시간이 흐르면 음수가 나올 수 있습니다.

그럼 피고가 주장한 것처럼 음수가 되는 데 한참 걸리나요?

그렇지 않습니다. 만일 n일 후에 음수가 된다면 n일 후 투자한 돈은 7000＋n×(-300)이므로 7000＋n×(-300)＜0을 풀면 300n＞7000으로부터 n＞23.333⋯ 이 됩니다. 그러므로 24일 후 이상큼 양이 투자한 돈은 음수가 되지요.

그렇군요. 그럼 판사님 판결 부탁합니다.

처음 값에 계속해서 음수를 더하면 처음 값이 아무리 크다 하더라도 언젠가는 음수가 된다는 것을 알았습니다. 그러므로 강투자 씨가 등차수열에 대해 조금만 알았더라면 23일 후 이상큼 양의 돈이 음수가 될 거라는 걸 예측할 수 있었을 것입니다. 주식 투자 전문가라면 고객이 큰 손해를 보기 전에 단얼마만이라도 챙길 수 있게 해야 한다고 생각해 강투자 씨의 잘못을 인정하는 바입니다.

재판 후 이상큼 양은 다시는 증권에 돈을 투자하지 않고 자신이
번 돈을 고스란히 은행에 예금했다.

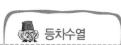

수들 사이의 차이가 일정한 수열을 등차수열이라고 한다. 1, 3, 5, 7, ……은 수 사이의 차가 2로써
일정하므로 등차수열이다. 이때 공통의 차를 등차수열의 공차라고 부른다.

가격 인상의 진실

엘레강스 식당과 럭셔리 식당 중 음식 값을 더 많이 인상한 쪽은 어디일까요?

수학시엔 유명한 식당이 두 군데 있다. 처음엔 맛
있는 음식 덕분에 동네 사람들이 많이 찾는 음식점
수준이었지만, 점점 여기저기서 입소문을 듣고 찾
아온 사람들로 손님은 하루가 다르게 많아지고 있었다. 더군다나
수학시에서 가장 맛이 좋다는 두 집이 바로 옆에 붙어 있으니 사
람들은 관광 코스로 점심엔 이 집, 저녁엔 저 집에서 밥을 먹곤 하
였다.

"여보, 점심엔 이 집에서 먹었으니까 저쪽 구경 좀 하고 나서 저
녁은 저 집에서 먹어요. 소문대로 정말 맛있었어요. 온 김에 두 집 다

맛보고 가요. 안 그러면 후회할 것 같아요."

"나도 그렇게 했으면 좋겠다고 생각했어. 이렇게 맛 좋은 집이 딱 붙어 있으니 찾아오는 사람들 먹기 좋고 얼마나 좋아. 장사도 정말 잘되겠어."

"그러니까요."

사람들 생각대로 장사가 늘 잘되는 두 곳이었지만 불만이 없는 것은 아니었다. 서로 원조라고 주장하고 있기 때문이다. 정작 두 식당을 찾는 손님들은 원조라서 찾아오기보다는 그저 음식 맛이 좋아서 찾아오는 것이었다. 하지만 두 식당 주인들에게는 간판에 적은 '원조'라는 두 글자가 자신들의 자존심이었기 때문에 서로 원조라고 주장하는 두 식당 주인들의 신경전은 그야말로 대단했다.

"저 집이 원조라고 억지 주장하는 바람에 빼앗긴 손님이 도대체 몇 명이야?"

"누가 할 소릴! 우리가 엄연히 원조인데, 당신들이 원조라고 우기는 바람에 우리 손님을 당신들이 빼앗아 간 거잖아!"

"정말 어이가 없네. 이 사람아, 저기 사람들 들어가는 거 봐. 여보세요, 저기 당신 식당으로 들어가는 사람들이 다 원래 우리 손님인데 말이야. 정말 얌체가 따로 없네."

"서로 말하면 입만 아프니까 이쯤에서 관둡시다."

항상 이런 식으로 서로를 미워하며 상대방 식당 때문에 자신이 피해를 받고 있다고 생각하는 두 집에 드디어 변화가 생기기 시작했다. 싸움에 질린 한쪽에서 원조 식당의 이름을 포기하고 현대식 식당으로 새롭게 개조한 것이다. 식당 내부와 메뉴를 모두 세련되게 바꾼 이 집은 상호도 '엘레강스 식당'으로 바꾸고 새롭게 시작했다. 그동안 지긋지긋했던 옆집과의 경쟁에서도 벗어나 음식의 차별화를 위해 고급 메뉴로 바꾸고 가격도 그 전보다 두 배나 인상하였다.

인테리어에 중점을 두고 개조된 엘레강스 식당은 확 바뀐 분위기와 차별화된 메뉴로 사람들의 이목을 끌면서 큰 성공을 거두었다. 그러자 이에 자극을 받은 건 옆집이었다. 지금껏 서로를 미워했던 것도 두 식당의 인기가 비슷했기 때문이었다.

"원조집을 버리고 새로운 식당을 열게 되면 바로 망할 것이라고 생각했는데 오히려 그 전보다 장사가 잘되고 있군. 한눈에 봐도 우리 집에 오는 손님의 숫자와 저 집을 찾는 손님의 숫자가 바로 비교가 되는군. 이러고 있을 때가 아니지, 나도 뭔가 새로운 계획을 짜야겠어."

순식간에 자신의 손님이 엘레강스 식당으로 몰리는 것을 보고 배 아파하던 옆집 식당 주인 역시 인테리어와 메뉴에서 대대적인 변화를 계획한 것이다. 이름 역시 엘레강스 식당에 맞서기 위해 '럭셔리 식당'으로 바꾸었다. 또한 엘레강스 식당이 가격을 인상하고도 살아남을 수 있었던 이유 중의 하나인 고급 재료의 사용에 맞서기 위해 럭셔리 식당은 엘레강스 식당보다 더 좋은 재료를 쓴다고 광고하며 기존 메뉴의 가격에서 4.5배를 인상한 가격으로 서비스를 하였다.

"금방 따라하시네요, 럭셔리 식당 사장님?"

"글쎄요. 엘레강스 식당보다 잘되서 부러우시면 그냥 말씀하세요. 하하하!"

두 식당의 대결에서 승리한 쪽은 후발주자인 럭셔리 식당이었다. 오히려 음식값을 올린 럭셔리 식당이 신선하고 좋은 재료를 사용한다고 광고한 것이 맞아떨어진 것이다. 약이 잔뜩 오를 대로 오른 엘레강스 식당 사장은 또 한 번 큰 결심을 하게 되었다.

"이상해. 우리보다 가격을 더 인상했음에도 불구하고 장사가 더 잘된다는 건 사람들이 비싼 만큼 좋은 재료를 쓴다고 믿기 때문이야. 그럼 하는 수 없지. 전 메뉴 가격 여덟 배로 2차 인상!"

음식 가격의 2차 인상을 결정한 엘레강스 식당 사장은 럭셔리 식당보다 더 많은 손님을 끌 수 있을 것이라고 확신했다. 그러자 럭셔리 식당은 자신들이 더 최고급 메뉴가 되어야 한다는 생각에 다시 4.5배의 가격 인상을 했다.

그러자 사람들은 두 식당이 가격을 올리기로 짠 게 아니냐는 의혹을 갖기 시작했고, 걷잡을 수 없이 커진 소문은 돌고 돌아 가격 인상에 대한 사람들의 고발로 이어졌다. 이에 대해 해명하기 위해 법정을 찾은 식당 주인들은 서로 상대방의 과실이 더 크다며 소리 높여 주장하고 있었다.

"두 분이서 식당 메뉴의 가격을 올리기로 합의하셨다는 이야기를 들었습니다. 여기에 대해 할 말 있으십니까?"

"전 럭셔리 식당의 사장입니다. 저는 억울합니다. 그렇고말고요! 저희는 4.5배 인상을 두 번 했으니까 평균적으로 4.5배 인상을 한 것이고, 엘레강스 식당은 2배 인상 후 또 한 번 8배 인상을 하였습니다. 그러니까 평균 5배를 인상한 것이지요! 이것만 봐도 모든 게 확실하지 않습니까? 저희가 가격을 올리자고 작당했으면 둘 다 똑같은 가격으로 올렸을 겁니다. 근데 오히려 엘레강스 식당이 저희보다 가격을 더 올리지 않았습니까? 처벌을 받아야 할 사람은 저 사람들입니다. 저희는 정말 억울합니다."

억울함을 호소하는 사장들. 두 식당 중 가격을 더 많이 올린 사람은 누구일까? 엘레강스 식당이 평균 5배를 올렸다고 주장하는 럭셔리 식당의 사장은 과연 올바른 주장을 하고 있는 것일까?

두 수의 기하평균은 두 수의 곱에 루트를 씌운 값입니다.

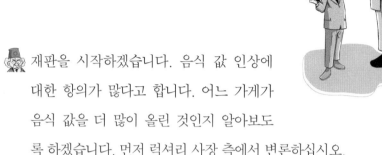

엘레강스 식당은 정말로 음식 값을 5배 올린 것일까요?
수학법정에서 알아봅시다.

재판을 시작하겠습니다. 음식 값 인상에 대한 항의가 많다고 합니다. 어느 가게가 음식 값을 더 많이 올린 것인지 알아보도록 하겠습니다. 먼저 럭셔리 사장 측에서 변론하십시오.

엘레강스 식당에서는 음식 값을 두 번이나 인상했습니다. 처음에 2배 인상한 후 2차로 8배를 인상했으므로 엘레강스 식당의 음식 인상률이 훨씬 높습니다.

럭셔리 식당과 비교하면 어느 정도 인상된 것인가요?

엘레강스 식당은 2와 8의 평균값인 5배 인상된 것입니다. 이에 반해 럭셔리 식당 측은 4.5배 인상했으므로 럭셔리 식당이 엘레강스 식당보다 음식 값을 적게 인상한 것입니다.

2와 8의 평균값이 5라는 것은 어떻게 나온 것입니까?

2와 8을 합하면 10입니다. 그리고 10을 2로 나누면 5라는 평균값을 얻을 수 있습니다.

수치 변호사의 변론이 옳습니까?

수치 변호사의 평균값 계산은 옳지 않습니다.

엘레강스 식당의 음식 값 인상을 잘못 계산한 것이라면 옳은

계산법은 어떻게 됩니까?

 엘레강스 식당의 음식 값 인상을 제대로 계산해 주실 증인을 모셨습니다. 수학평균연구소의 나중간 소장님을 증인으로 요청합니다.

 증인 요청을 받아들이겠습니다.

키와 몸무게, 심지어 얼굴 크기도 중간 정도인 50대 중반의 남성은 법정의 중심을 가로질러 증인석에 앉았다.

 수치 변호사가 한 엘레강스 식당의 평균값 구하는 계산법이 맞습니까?

 그렇지 않습니다. 수치 변호사가 계산한 방법은 산술평균을 구하는 방법입니다.

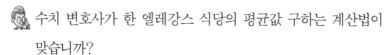

산술평균 방법으로 인상된 음식 값의 평균값을 구할 수 없는 이유는 무엇입니까? 또 음식 값이 얼마나 인상되었는지 알기 위해서는 어떻게 계산해야 하나요?

 우리는 일상생활에서 산술평균을 사용하는 데 너무나 익숙해져 있기 때문에 2와 8의 평균값을 산술평균의 방법으로 구하는 것이 잘못된 것을 인식하지 못할 수 있지만, 실제로 계산을 하면 전혀 다른 답이 나옵니다. 이번 사건처럼 늘어난 배

수의 평균을 구할 때는 기하평균을 구해야 합니다.

 기하평균은 어떻게 구하는 것입니까?

 두 수의 기하평균은 두 수의 곱에 루트를 씌운 값입니다. 엘레강스 식당은 음식 값을 2배 인상한 후 8배 인상했으므로 2와 8이라는 두 개의 양수에 대한 기하평균을 구하면 됩니다. 따라서 2와 8을 곱한 16에 루트를 씌우면 $\sqrt{2 \times 8} = \sqrt{16} = 4$가 됩니다. 즉, 엘레강스 식당의 음식 값은 4배 인상된 것입니다.

 럭셔리 식당 사장과 수치 변호사가 계산한 2와 8의 합을 5로 구한 방법은 산술평균이며, 늘어난 배수의 평균을 구하는 방법으로는 옳지 못합니다. 엘레강스 식당의 음식 값 인상을 기하평균으로 구하면 4배라는 결과를 얻을 수 있는데, 럭셔리 식당의 음식 값은 4.5배 인상되었으므로 엘레강스 식당보다 더 많이 인상되었다고 볼 수 있습니다. 따라서 럭셔리 식당의 음식 값이 더 많이 인상되었기 때문에 럭셔리 식당 사장에게 더 큰 책임이 있습니다. 럭셔리 식당 사장님은 자신이 음식 값 인상의 주도자임을 인정해야 합니다.

 기하평균 결과를 통해 음식 값을 더 많이 인상한 곳은 럭셔리 식당이라는 것을 알 수 있었습니다. 따라서 럭셔리 식당 사장은 자신에게 음식 값 인상의 책임이 있음을 인정해야 합니다. 하지만 음식 값을 올린 곳은 럭셔리 식당뿐 아니라 엘레강스 식당도 마찬가지입니다.

사람이 살아가는 데 중요한 의식주에 있어서 다른 사람들의 불만이 커질 정도라면 앞으로 더 많은 문제를 만들 수 있다고 판단됩니다. 음식 값이 하늘 높은 줄 모르고 오른다는 것은 음식 값에 거품이 너무 많고, 바가지를 씌우는 행위이므로 음식 값을 인하하는 것이 급선무입니다. 두 음식점 모두 음식 값을 다시 인하하십시오. 지금까지 손님들로부터 음식 값을 많이 받아 온 것은 앞으로 손님들에 대한 서비스 질을 더욱더 높임으로써 보답하도록 하십시오. 또한 편안한 식사를 할 수 있도록 청결과 친절에도 최선을 다해야 할 것입니다. 이상으로 재판을 마치도록 하겠습니다.

 산술평균과 등차중항

1, 3, 5는 세 수가 등차수열을 이룬다. 이때 가운데 수인 3은 1과 5를 더한 후 2로 나눈 값이 된다. 즉 3은 1과 5의 산술평균이 되는데, 이 값을 등차중항이라고 부른다.

배보다 배꼽이 더 커진 이유

원금 100만 달란에 대한 복리 이자는 얼마일까요?

박어리 씨는 오늘도 발을 동동 구르고 있다. 다음
달 집세를 내기 위해 모아 두었던 돈을 며칠 전 친
구가 급하다며 빌려 간 것이다. 처음에는 당연히
안 된다고 거절했었다. 하지만 친구의 딱한 사정을 듣다 보니 자기
도 모르게 빌려 줘 버린 것이다.

"민수야, 나 어리인데 저번에 빌려 준 돈 이번 달 마지막 주까지
줄 수 있을까?"

"어리야, 이러지 마. 내가 아무렴 네 돈 안 주겠니. 나 이렇게 빚
쟁이처럼 취급하지 마. 정말 너한테 서운하다."

"미안하다. 그러려고 그런 게 아닌데. 그래도 부탁 좀 할게."

이런 일이 생길 때마다 속으로 다신 그러지 말아야지 하고 다짐하지만 언제나 다짐뿐이다. 이렇듯 착한 것이 도를 넘어 자신을 곤경에 빠트리기 일쑤인 박어리 씨의 별명은 어리버리이다.

"이제 어쩐담! 큰일이네."

그날도 여전히 돈을 주지 않는 친구 때문에 집세를 어떻게 내야하나 고민하고 있던 박어리 씨에게 들리는 목소리가 있었다.

"여러분의 친구친구~. 힘들 땐 도와줘요! 고민하지 말고 전화해요!"

돈을 빌려 준다는 텔레비전 광고였다. 귀가 솔깃하긴 했지만 뉴스에서 종종 돈을 빌린 다음 갚지 못해 폭력배들에게 위협을 당했다는 기사를 본 적이 있어서인지 쉽게 전화를 걸지는 못했다. 하지만 그것도 잠시, 박어리 씨에게 결정의 순간이 찾아오고 말았다.

"박어리 씨 계신가요? 나 집주인인데, 문 좀 열어 봐."

"무슨 일로 오셨는지……."

"자네 지금 집세 밀린 거 아나 모르나? 저번에는 친구가 줄 거라고 3일만 기다려 달라고 하더니, 지금 10일이 지났는데도 말이 없으니 내일까지 집세를 내지 않으면 이삿짐 사람들 불러서 자네 짐을 그냥 빼 버리겠네. 작년에 옆집 학생도 그렇게 해서 집 나갔던 거 알지? 명심하고 있게. 내일까지야!"

집주인이 와서 한바탕 큰소리를 치고 난 뒤, 박어리 씨는 아까

보았던 텔레비전 광고 속 전화번호로 전화를 걸었다.

"저, 저기, 돈을 좀 빌리려고 하는데요."

"아, 네! 전화 잘하셨습니다. 돈 문제는 저희한테 맡겨 주세요. 자, 그럼 얼마나 필요하신가요?"

"네, 딱 100만 달란이 필요합니다."

"돈은 바로 빌려 드리겠습니다. 일단은 좀 알아두셔야 할 게 있는데, 저희가 이자를 받습니다. 이자는 복리로 계산되지요. 그건 뭐, 돈 빌려 주는 사람이라면 다 그러는 거니까 알고 계시죠? 저희 이자가 25%인데, 다른 곳에 비하면 싼 편이니까 너무 걱정 마세요. 그리고 첫 번째 돈을 갚아야 할 기간은 다음 주까지니까 그것도 꼭 지켜 주세요."

"네, 알겠습니다. 감사합니다. 감사합니다."

박어리 씨는 친절하게 돈을 빌려 주는 그 사람들에게 몇 번이나 고맙다는 말을 한 뒤에야 전화를 끊었다.

"뉴스에서 본 것과는 다르네. 이렇게 친절하게 빌려 주다니, 정말 다행이야. 집에서 쫓겨날 일은 면하게 됐어. 어서 주인아저씨에게 갖다드려야겠다."

필요했던 돈 100만 달란을 받아 주인아저씨께 드린 박어리 씨는 일주일 뒤 갚아야 할 돈을 계산해 보았다.

"일단은 월급을 2주 뒤에 받으니까 1주일 뒤에 오는 첫 상환 기회는 하는 수 없이 그냥 날려 버려야겠군. 그럼 이자가 조금 늘긴 하겠지만 다른 곳보다는 싸다고 했으니까 액수가 그다지 크진 않겠지."

집 문제에 대해 한시름 놓은 박어리 씨는 평소보다 더욱 열심히 일할 수 있었다. 그렇게 며칠이 지난 어느 날, 돈을 빌려 갔던 친구에게서 연락이 왔다. 사채까지 쓰며 마음고생을 했던 박어리 씨는 화가 나서 전화를 안 받으려고 했지만, 분명 조금만 더 기다려 달라는 전화일 거라 생각하고 전화를 받자마자 친구에게 큰 소리를 치기 시작했다.

"야! 너 정말. 빌려 갈 때는 온갖 사정 다하면서 바로 준다고 하더니 갚을 때 되니까 이렇게 모른 척하고…… 네가 친구냐?"

"여보세요? 아, 어리구나. 너 다짜고짜 이게 무슨 말이야? 나 방금 네 통장으로 빌린 돈 보냈는데. 야, 진짜 서운하다. 이게 네 본모습이었냐? 난 그래도 내 사정 봐준 너한테 정말 고마워했는데, 넌 마음속으로 날 그렇게 미워하고 있었구나."

"어? 뭐라고? 방금? 나는 네가 하도 안 주니까 화가 나서……. 미안!"

"야, 됐다, 됐어. 이제 네 본색을 내가 드디어 봤구나. 전화 이만 끊는다."

'후! 도대체 이게 뭐야, 친구도 잃고……. 그래도 돈은 찾았구나. 하하하!'

친구에게 미안한 마음은 있었지만 돈을 찾은 기쁨이 컸던 박어리 씨는 일단 일주일 전에 썼던 사채의 첫 상환 기회에 돈을 갚기로 했다.

"그럼, 일단 돈을 찾아서 그쪽 회사로 가야겠구나. 그래도 날마다 이자가 붙는데 하루라도 빨리 갚을 수 있어서 다행이다."

박어리 씨는 은행에 들러서 친구에게 받은 100만 달란과 자신의 통장에 남아 있던 약간의 돈을 들고 사채업자를 찾아갔다.

"일주일 전에 빌린 돈 갚으러 왔습니다."

"아이고~! 이렇게 빨리 갚아 주시고, 천천히 갚으셔도 되는데."

"어떻게 사정이 잘 풀려서 제시간에 갚게 되었습니다. 자, 여기 100만 달란하고, 일주일 치 이자는 얼마인가요? 그래도 이곳이 다른 곳보다 이자가 싸서 얼마나 다행인지 몰라요."

"자, 그럼 계산해 볼까요? 원금 100만 달란에 이자가 25%니까 오늘까지 해서 477만 달란입니다."

"네? 지금 그게 무슨 말씀이신가요? 싼 이자라고 하시더니, 이거 무슨 날강도도 아니고."

"저희가 미리 말씀드렸지 않습니까? 25% 이자라고. 저희는 맞게 계산했으니 확인해 보세요."

"아이고, 아이고! 내가 사채를 쓰는 게 아니었는데, 이런 악덕 사채업자 같으니라고. 당신들 두고 봐, 내가 가만 두지 않겠어."

흥분한 박어리 씨는 사채업자들을 수학법정에 고소했다.

'복리'는 원금과 이전에 지급된 이자의 합에 대한
이자가 붙어 가는 것을 말합니다.

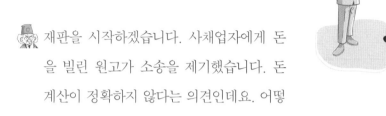

100만 달란이 일주일 만에 477만 원이
될 수 있을까요?
수학법정에서 알아봅시다.

재판을 시작하겠습니다. 사채업자에게 돈을 빌린 원고가 소송을 제기했습니다. 돈 계산이 정확하지 않다는 의견인데요. 어떻게 계산된 것인지 알아보겠습니다. 원고 측 변론하십시오.

원고는 일주일 전 급하게 돈이 필요하여 사채업자를 찾아갔습니다. 사채업자인 피고는 아주 친절하게 돈을 빌려 주었다고 합니다.

돈은 얼마나 빌렸나요?

100만 달란을 빌렸습니다. 피고는 원고에게 25%의 이자를 요구했습니다. 그런데 아무리 이자가 25%로 높다고 하지만 어떻게 일주일 만에 4배가 넘어 거의 5배인 477만 달란이 될 수 있습니까? 이것은 피고가 원고에게 터무니없는 돈을 요구하는 것입니다.

일주일 만에 빌린 돈의 거의 5배가 되었다니, 정말 이자가 많이 붙었군요. 그런데 어떻게 해서 돈이 이렇게 많이 불어났는지 피고 측의 주장을 들어봐야겠습니다. 피고 측 변론하십시오.

피고는 폭리를 취한 것이 아닙니다. 아무리 사채업자라고 하

지만 돈 계산은 정확히 합니다.

 어떻게 계산한 것인가요?

 빌려 준 돈의 이자는 25%가 맞습니다. 그런데 이 이자는 복리로 계산됩니다.

 복리란 무엇을 말하는 것입니까?

 복리는 원금과 이전에 지급된 이자의 합에 대한 이자가 붙어 가는 것을 말합니다. 원고는 사채업자에게 돈을 빌릴 때 복리에 대해 미리 생각을 했어야 합니다.

 이자가 복리로 붙으면 엄청나게 불어나는 건가요?

 그렇습니다. 게다가 25%씩 이자가 붙는 상황에서 복리라면 충분히 100만 원이 477만 달란이 될 수 있습니다.

 477만 달란이라는 금액은 어떻게 나온 건가요?

 복리 계산법으로 100만 달란에 대한 일주일 치 이자를 계산해 주실 증인을 모시겠습니다. 증인은 과학은행에서 20년 동안 근무하신 나철저 이사님입니다.

 증인 요청을 받아들이겠습니다.

깔끔한 정장 차림의 50대 중반 남성은 반듯한 자세로 곧게 걸어 나와 증인석에 앉았다.

 증인은 20년 동안이나 은행에서 근무하셨으니 이자를 계산하는 것은 전혀 어려운 일이 아니겠습니다.

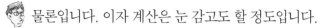 물론입니다. 이자 계산은 눈 감고도 할 정도입니다.

원고가 피고에게 빌린 돈이 100만 달란이라고 하는데, 일주일 동안 이자가 얼마 정도 붙을 수 있습니까?

100만 달란에 대한 이자율이 어느 정도인가에 따라 다를 수 있습니다.

하루에 25%의 이자가 붙고, 복리라고 합니다.

하루 이자가 25%에 복리라면 엄청난 금액이 예상되는군요. 먼저 첫날은 원금 $100 + 100 \times 0.25 = 125$만 달란이 되겠군요. 둘째 날은 첫째 날의 125만 달란에 대한 원금과 이자이므로 $125 + 125 \times 0.25$가 되고, 이를 정리하면 125×1.25가 됩니다. 셋째 날은 둘째 날 금액에 다시 25%의 이자가 붙게 되므로 $125 \times 1.25 + 125 \times 1.25 \times 0.25 = 125 \times 1.25^2$가 됩니다. 둘째 날과 셋째 날의 금액을 보면 규칙성을 찾을 수 있지요? 그렇다면 넷째 날은 125×1.25^3이 됩니다.

일주일 치 돈을 계산해야 하므로 7일 후에는 125×1.25^6이 되겠군요.

그렇습니다. $125 \times 1.25^6 = 476.837 \cdots$입니다. 이렇게 해서 477만 달란이라는 금액이 나오는 것이지요.

원고가 빌린 돈은 100만 달란이고, 원금 100만 달란에 일주일 동안 이자가 붙어, 일주일 동안 쓴 돈에 대해 갚아야 할 돈

은 477만 달란이 맞습니다. 이 돈이 많다고 생각할 수 있겠지만, 원고는 피고에게 돈을 빌릴 때 피고의 조건을 받아들였으므로 피고의 돈을 갚아야 할 의무가 있습니다.

사채업자인 피고가 터무니없는 돈을 요구하는 것은 사실입니다. 하지만 원고가 돈을 빌릴 때 피고의 조건을 받아들이고 피고에게 돈을 빌린 것이므로 피고에게 477만 달란을 갚을 것을 판결합니다.

재판 후 박어리 씨는 사채 이자의 공포를 몸소 느낄 수 있었다. 그리고 다시는 사채를 쓰지 않았고, 사채추방위원회를 만들어 많은 사람들이 사채로부터 피해당하는 일 없는 사회를 만드는 데 앞장섰다.

단리와 복리

원금에 대해서만 이자가 적용되는 것을 단리라고 하고, 원금과 이자를 합친 금액에 이자가 적용되는 것을 복리라고 한다. 예를 들어 연초에 만 원을 은행에 맡기고 2년 후 돈을 찾는다고 해 보자. 단리가 10%라면 이 사람이 받는 돈은 만 원의 이자인 1000원의 두 배, 즉 2000원을 이자로 받아 12000원이 되지만, 복리로 10%라면 일년 후에는 1000원의 이자를 받고 2년 뒤에는 11000원의 10%인 1100원을 받으므로 전체 돈은 12100원이 된다.

수학 못하는 해커의 비애

조화수열을 이용해 암호를 해독할 수 있을까요?

'해결사 주식회사.'

알 만한 사람은 알고 있는 해결사 주식회사, 하지만 그 회사의 정체를 알고 있는 사람은 몇 명 되지 않는다. 기업의 기밀 정보를 빼내서 팔아넘기는 사람들이었기 때문이다. 그들에게는 철저한 보안 유지가 생명이었고, 그 때문에 그들을 제대로 알고 있는 사람은 극소수에 불과했다.

"속보입니다. 일등기업의 신기술이 유출되었다는 정보입니다. 이로 인해 일등기업은 100억 달란의 손해를 예상하고 있으며, 범인이 누구인지에 대해 조사를 하고 있지만 증거가 거의 남지 않아

수사에 어려움을 겪고 있습니다."

"하하하! 우리 얘기군. 난 그 정보가 그렇게 비싼 정보인 줄 몰 랐어. 그랬으면 좀 더 비싼 값에 넘길걸 그랬군."

"그래도 우리는 다른 나라에 팔지는 않잖아? 최소한의 양심은 있다고 봐."

"뭐, 그렇긴 해도 조금 찔리긴 해."

범행을 저지른 후 방송 뉴스를 통해 자신들의 이야기를 듣는 해 결사 주식회사 사람들. 그들이 회사를 설립한 지도 4년째, 항상 과 감하고 증거를 남기지 않는 수법으로 더욱 유명한 사람들이다. 하 지만 며칠 전부터 회사에 문제가 생기기 시작했다. 며칠 전 정보를 빼내다가 실수로 흔적을 남긴 것이다.

"야! 너 정말 어떡할 거야. 너 때문에 우리가 배상해야 할 돈이 얼마인 줄이나 알아? 거기다가 경찰에 걸리기라도 하면 어떡해. 오히려 네가 남긴 흔적을 지우기 위해 그 전보다 더 위험한 행동을 해야 한다고!"

"그래, 미안해. 너 지금 내 표정에서 뭔가 느껴지는 게 없냐? 나 의 미안함이 팍팍 느껴지지 않아?"

"후, 너도 정말……. 그나저나 더 큰일이 생겼어. 네가 사고 치 는 바람에 해커로 일하고 있던 친구들이 모두 사직서를 냈어. 사 직서 바로 처리해 주고 이 회사에서 일했다는 증거도 모두 없애 달래."

"정말? 그건 좀 큰일인데…… 해커들이 없으면 이래저래 힘든 일이 많이 생길 텐데. 요즘은 거의 모든 것이 컴퓨터로 처리되어 있어서 해커들이 더 필요할 때라고."

"이게 다 네 책임이니까 네가 알아서 해! 네가 실수만 하지 않았다면 이런 일도 발생하지 않잖아. 그랬으면 해커들도 회사 떠나는 일 없었을 테고. 네가 어디 가서 구해 오든가, 아니면 네가 공부를 하든가!"

"야, 나 혼자 어떻게 하라고! 한 팀인데 같이 좀 해 주면 안 되냐?"

그는 하는 수 없이 혼자 해커를 구하기로 하고 여기저기서 정보를 얻다가 드디어 자신들에게 가장 잘 맞는 사람을 찾아냈다. 바로 소기자 씨였다. 가족과 떨어져 혼자 살며, 해커 기술에 능하고 책임감 역시 투철해 회사의 보안 유지를 하는 데도 알맞은 사람이었다. 우선은 무엇보다 자신들이 만들어 놓은 흔적을 깨끗하게 없애기 위해선 한시라도 빨리 해커를 구해 그곳으로 가야만 했다.

"저기요, 소기자 씨 계십니까? 쾅쾅쾅! 저기요!"

"네, 전데요. 무슨 일이십니까?"

"네, 긴히 드릴 말씀이 있습니다. 저희는 해결사 주식회사에서 나온 사람들입니다."

"해결사요? 저는 그런 일 하는 사람이 아닌데……."

"일단은 저희 이야기를 들어 보시죠. 소기자 씨의 능력을 마음껏 펼칠 수 있는 기회가 될 겁니다. 게다가 꽤 많은 돈을 받을 수 있고요."

뭔가 자신의 정체를 알고 있는 듯한 그들의 수상한 대화에 그는 일단 그들을 자신의 집으로 안내하였다. 그리고 소기자 씨는 뜻밖의 이야기를 접하게 된다.

"저희는 비밀 회사입니다. 이를테면 정보를 빼내서 파는 일을 하고 있죠. 일종의 정보 거래사입니다. 그리고 지금 저희들은 핵심 역할을 해 줄 해커를 찾고 있습니다. 걱정하시는 대로 위험한 일입니다. 하지만 그에 대한 금전적 보상은 충분하니 한번 생각해 보실 만할 것입니다. 그리고 저희는 지금 시간을 다투어 처리해야 할 일이 있기 때문에 이렇게 직접 소기자 씨를 찾아온 것입니다. 해커계에서 명성이 자자한 건 이미 알고 왔습니다. 특히나 저번 대융그룹 사건도 소기자 씨가 하신 거라고 들었습니다. 대단하십니다."

"그걸 어떻게⋯⋯."

자신에 대해 이미 모든 걸 파악하고 있는 해결사 주식회사에게서 스카우트 제의를 받은 소기자 씨는 고민에 빠졌다. 지금은 취미로 하고 있는 일이지만 위험 부담이 덜하고, 이제 본격적으로 시작하게 되면 월급을 받게 되면서 생활은 안정이 되겠지만 위험해질 수 있기 때문이었다.

"어쩔 수 없군요. 하겠습니다. 저도 안정적인 생활이 필요하니까."

해결사 주식회사의 제안을 받아들인 소기자 씨는 내일 바로 출근해 달라는 부탁을 받았다. 당황스럽게 시작한 직장 생활이었지만 최선을 다해 일하겠다고 마음먹었다.

"오늘 첫 출근이지만 워낙 급한 사안이라 우선 설명부터 드리겠습니다. 지난 달 저희가 정보를 빼내면서 그 회사에 흔적을 남기게 되었습니다. 컴퓨터상에 존재하는 것들이니 소기자 씨가 해결을 해 주셨으면 하는데요. 일단 회사 내로 진입하는 것까지는 저희가 책임질 테니 준비해 주십시오."

"첫 임무부터 무거운 것이군요. 열심히 해 보죠."

그날 저녁 그들은 자신들이 정보를 빼내려고 했던 회사로 다시 진입했다. 생각보다 일이 잘 진행되었다. 보안이 더욱 철저해졌을 거라는 예상과는 달리 전과 다름없는 수준에서 보안이 유지되고 있어서 진입에는 큰 무리가 없었다. 그리고 소기자 씨가 하나하나 흔적을 지워 나갈 무렵 모든 파일을 지우기 위해 제거 버튼을 누르자 암호를 적으라는 내용이 적힌 새 창이 떴다.

1, 0.5, 0.333…, 0.25, 다음의 수

이 문제의 답을 알 길이 없었던 소기자 씨는 아예 새 창을 없애 버릴 생각으로 이 방법, 저 방법 다 동원해 봤지만 소용이 없었다.

"회사 내 보안이 전과 같은 수준이었던 게 이유가 있었군. 도대체 컴퓨터를 뚫을 수가 없잖아."

결국 소기자 씨는 마지막 방법으로 문제를 풀어 보기로 결심했다.

"하는 수 없군. 수학을 손 놓은 지 꽤 되지만 일단은 한번 해 봐야겠어. 지금으로써는 그 방법이 유일하니까."

그의 노력은 가상했으나 그 역시도 실패하고 말았다. 자신의 첫 임무이자 해결사 주식회사의 가장 중요한 임무이기도 했던 사건을 소기자 씨는 실패하고 말았다. 이 때문에 해결사 주식회사는 크게 손해를 보고 거래하던 사람들도 그들의 실력을 더 이상 믿지 않게 되었다. 소기자 씨로 인해 막대한 손해를 입은 회사는 결국 소기자 씨를 능력이 없는 사람이라고 판단하여 해고 시켰다.

하지만 어느 날 갑자기 자신을 찾아와 직접 채용한 사람들이 다 짜고짜 일 하나 수행하지 못했다고 자신을 해고했다는 것에 분노를 느낀 소기자 씨는 해결사 주식회사를 고소했다.

거꾸로 뒤집으면 등차수열이 되는 것을
조화수열이라고 합니다.

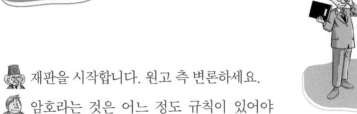

소기자 씨가 풀지 못했던 암호의 답은
무엇이었을까요?
수학법정에서 알아봅시다.

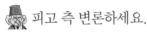 재판을 시작합니다. 원고 측 변론하세요.

암호라는 것은 어느 정도 규칙이 있어야

합니다. 아무 수나 써 넣고 그 암호를 풀라

고 하면 누가 암호를 풀겠습니까? 이번에 소기자 씨가 풀지

못한 암호는 일정한 규칙성이 없으므로 암호의 자격이 없다

는 것이 본 변호사의 주장입니다.

피고 측 변론하세요.

조화연구소의 아조화 박사를 증인으로 요청합니다.

　얼굴이 대칭적이고 균형 잡힌 몸매를 가진 30대 남자

가 증인석에 앉았다.

 증인이 하는 일은 뭐죠?

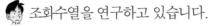 조화수열을 연구하고 있습니다.

조화수열이라뇨?

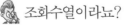 거꾸로 뒤집으면 등차수열이 되는 것을 조화수열이라고 합

니다.

 그럼 이 암호가 조화수열과 관계있습니까?

 그렇습니다.

 거꾸로 뒤집어도 규칙이 안 나올 것 같은데요.

 주어진 암호를 분수로 바꿔 보세요. 그럼 다음과 같습니다.

$$1, \frac{1}{2}, \frac{1}{3}, \frac{1}{4}$$

 각 항의 역수를 쓰면 1, 2, 3, 4가 됩니다. 그러므로 구하고자 하는 수의 역수는 5입니다. 그래서 구하는 수, $\frac{1}{5} = 0.2$가 되는 거죠.

 깔끔하게 해결되었군요. 그럼, 판사님 판결 부탁합니다.

 얼핏 보기에 규칙이 없는 것 같아 보여도 한두 번 조작하고 나면 규칙이 보일 수 있다는 사실과 조화수열이 뭔지에 대해 알게 되었습니다. 이번 암호는 규칙에 의해 풀리는 암호이므로 소기자 씨의 주장은 의미가 없다고 판결합니다.

재판 후 해커들은 이번 사건을 교훈 삼아 수열 공부를 하는 데 많은 시간을 쏟았다.

 역수

어떤 수에 x를 곱해 그 값이 1이 될 때 y를 x의 역수라고 한다. 이것을 식으로 쓰면 $x \times y = 1$이 되므로 x의 역수인 y는 $1 \div y$로 계산된다.

58 과학공화국
수학법정 8

세상에서 제일 특이한 작곡가

하프 줄에 숨어 있는 수학적 비밀은 무엇일까요?

"선생님, 다시 시작된 것 같습니다."

"자네, 아직도 그런가?"

"네. 며칠 전 다른 음계를 넣어 곡을 만들었습니다. 하지만 그게 신경 쓰여 며칠 밤낮을 잘 수가 없었습니다. 이러지 말아야지, 이러지 말아야지 하면서 결국은 그 다른 음계를 악보에서 지우고 말았습니다. 그래도 명색이 작곡가인데 이렇게밖에 못하는 제 자신이 너무 원망스럽습니다. 어떻게 해야 할지 확실한 방법을 알려주세요. 흑흑흑!"

"자네 정말 큰일이네. 좀 나아지는가 싶더니 또다시 그러니."

사연인 즉 이러하다.

이소리 씨는 작곡가다. 하지만 조금 특이한 작곡가다. 도와 솔로 만 작곡을 하는 작곡가이기 때문이다. 엄밀하게 말하자면 도와 솔, 높은 도로만 작곡을 하니까 3음계라고 할 수도 있지만, 작곡가라 면 좋은 음악을 만들기 위해 다양한 음계를 써야 하는데 이소리 씨 에게는 그것이 세상에서 가장 힘든 일이다. 그가 이렇게 된 데는 남다른 이유가 있다.

그 이유는 그가 피아노를 처음 쳐 본 것이 동네의 고장 난 피아 노였기 때문이다. 피아노 건반이 모두 빠져 버린 이 피아노에는 도 와 솔, 높은 도만 있었다. 하지만 피아노를 처음 치던 순간부터 그 아름다운 소리에 흠뻑 빠진 이소리 씨는 거의 매일 고장 난 피아노 와 함께 생활했다.

그때부터 세 가지 음계가 전부인 줄 알며 자란 그가 커서 제대로 된 피아노를 보고 공황 상태에 빠진 것이다. 자신이 세상에서 가장 사랑하던 피아노가 지금껏 자신이 알고 있던 모습이 아니라는 사 실에 큰 충격을 받아 정신과 치료를 받던 그는, 이후 피아노와 음 악을 너무 사랑해 작곡가가 되었지만 세 가지 음계로밖에 작곡을 못하는 작곡가가 된 것이다.

그는 다양한 음계를 이용한 음악을 만들기 위해 애를 썼다. 하 지만 그 노력은 번번이 실패했다. 다른 음계를 넣어 음악을 만들 어 보기도 했지만 이내 다 지워 버렸고, 도와 솔이 세상에서 가장 아름답지 않은 음계라고 최면을 걸어 보기도 했지만 효과는 없었다. 그리고 마지막으로 정신과를 찾았지만 이소리 씨는 시간이 지나도 전혀 호전되지 않는 자신의 증상에 점점 불안해 졌다. 이런 그가 한 마지막 결심은 자신의 이야기를 인터넷에 올려 보는 것이었다.

"혹시 나 같은 사람이 또 있을지도 몰라. 그 사람도 나처럼 이렇게 고생하다가 병을 고쳤을 수도 있고, 안 그렇다고 해도 나와 같은 상황인 사람을 만나면 서로에게 도움을 줄 수 있을 거야. 그래, 내 이야기를 인터넷에 올려 보자."

"안녕하세요. 저는 올해 27살인 작곡가 지망생입니다. 음악이 전부인 저한테는 큰 문제가 하나 있습니다. 바로 음계를 세 가지밖에 사용하지 못하는 것입니다."

이소리 씨는 자신의 이야기를 차근차근 써 나갔다. 처음에는 거짓말하는 것 아니냐며 악플을 다는 사람들도 있었고, 자신을 비웃는 사람들도 있었다. 하지만 그의 진지한 고백에 사람들은 점점 마음의 문을 열기 시작했고, 그에게 자신들이 생각하는 여러 가지 해결 방법들을 제시해 주었다.

"피아노 앞에 앉아서 하루 종일 도와 솔을 제외한 건반만 눌러 보세요."

"도와 솔을 건반에서 뽑아 버리세요. 그럼 자연스럽게 다른 음계로 작곡할 수 있지 않을까요?"

이소리 씨는 사람들이 알려준 다양한 방법을 시도해 봤지만, 이번에도 역시나 성과는 없었다. 하지만 사람들이 점점 이소리 씨의 사연에 주목하게 되면서 그는 인터넷 스타가 되었다. 그러면서 자연스럽게 그가 3음계로만 만들었다는 음악을 궁금해 하는 사람들이 나타났고, 이소리 씨는 자신의 고민을 진지하게 들어준 사람들에게 고마움의 표시로 자신이 만든 곡 중에 한 곡을 인터넷에 공개하기로 마음먹었다.

"부끄럽지만 제가 만든 곡입니다. 그냥 가벼운 마음으로 들어 주세요."

하지만 사람들의 반응은 굉장했다. 3음계만으로 이렇게 아름다운 곡을 만들 수 있다는 사실에 놀라며 이소리 씨의 고민을 굳이 해결하지 않아도 되겠다는 사람들이 나타나기 시작한 것이다. 그리고 인터넷을 뜨겁게 달군 이소리 씨의 음악은 바다 건너 세계적인 하프 연주자의 귀에까지 들어가게 되었다.

"흠, 이거 굉장히 신선한 곡이군. 안 그래도 고국에서의 첫 공연을 어떤 곡으로 연주하나 고민하고 있었는데 이 곡 괜찮겠어. 매니저, 이 곡 만든 사람한테 연락해서 이 곡을 내가 사겠다고 해."

이소리 씨는 유명한 하프 연주자의 제안을 받고 뛸 듯이 기뻤다. 자신의 곡을 인정받을 수 있는 기회인 데다, 자신의 병을 고쳐야겠다는 생각에서 잠시나마 해방될 수 있었기 때문이다. 그렇게 행복한 시간들이 지나고 드디어 기다리던 하프 연주자의 공연 일자가 잡혔다. 하프 연주자는 자신의 하프를 먼저 비행기로 보낸 뒤 따라온다고 했다.

공연 날짜가 점점 다가올수록 이소리 씨는 긴장이 되었다. 그리고 드디어 공연을 세 시간 앞둔 때가 되자 가슴은 미친 듯이 뛰기 시작했다.

"쿵!"

공연장에서 리허설을 구경하기 위해 기다리고 있던 이소리 씨 귀에 들리는 소리가 있었으니, 하프 연주자의 하프가 넘어지는 소리였다. 하프는 옆에 놓여 있던 의자 위로 넘어지면서 줄이 끊어지고 말았다. 공연을 세 시간 앞두고 비상사태가 발생하였다.

"공연감독! 감독! 여기 하프 줄 구입해야 하는데, 어디서 구해야 합니까?"

"하프 줄은 준비되어 있는데 지금 하프 전문가가 없어요. 줄을 하프에 걸더라도 음을 내는 길이를 정확하게 못 맞추면 제대로 된 음악을 연주할 수 없을 겁니다."

"이거 큰일이군. 고국에서의 첫 공연이라 기대하는 사람들이 많을 텐데……. 어설프게 연주해서 사람들에게 만족을 줄 수 없다면 차라리 공연을 하지 않는 게 더 나은 선택일지도 몰라."

하프 줄을 조율할 수 없었던 공연 준비 팀은 결국 공연을 취소하기로 했다. 관객들의 야유가 쏟아졌지만 그게 최선이었던 공연 준비 팀에게는 어쩔 수 없는 선택이었다. 그러나 가장 상처를 많이 받은 사람은 이소리 씨였다.

"그럼 그렇지. 이게 무슨 일이람. 흑흑!"

한참 동안 자신의 신세를 한탄하며 울던 이소리 씨는, 이번 일이 어쩌면 하프 관리를 소홀하게 한 스텝들의 책임일지도 모른다는 생각이 들었다.

"그래! 이게 어떻게 생긴 기회인데. 준비를 성실하게 못한 준비 팀 때문에 내가 피해를 보다니! 내 인생의 첫 번째 기회이자 최고의 기회였는데 이걸 그대로 날려 버린 그들을 용서할 수 없어!"

자신의 신곡 발표회를 망친 이소리 씨는 공연 준비 팀을 수학법정에 고소하였다.

악기의 줄의 길이에는 조화수열이 적용됩니다.

하프 줄에는 어떤 수학이 숨어 있을까요?
수학법정에서 알아봅시다.

 재판을 시작합니다. 피고 측 변론하세요.

 하프 줄은 길이가 다릅니다. 그래서 줄마

다 소리가 다르지요. 그런데 줄이 끊어졌

다면 하프와 같은 현악기는 소리를 낼 수 없어요. 그런데 어

떻게 공연을 하겠다는 건지 원고 측 주장이 이해가 되질 않는

군요. 본 변호사는 피고 측이 어쩔 수 없는 사정으로 공연을

취소한 것이므로 피고 측에게는 아무런 잘못이 없다고 생각

합니다.

 원고 측 변론하세요.

 음악수열연구소의 피타구 박사를 증인으로 요청합니다.

몸이 삐쩍 마른 60대의 남자가 힘없는 걸음걸이로
증인석에 들어와 앉았다.

 증인이 음악 속에 숨어 있는 수학을 찾아냈다고 하는데, 어떤

내용이죠?

 음악을 이루는 것은 도레미파솔라시도입니다. 그런데 우리는

줄을 퉁겨서 이 음을 만들 수 있어요.

어떻게 줄마다 다른 소리를 내는 거죠?

줄의 길이가 다르기 때문입니다. 길이가 짧은 줄을 퉁기면 높은 음이 나오고 긴 줄을 퉁기면 낮은 음이 나오지요.

그럼 구체적으로 어떻게 줄을 연결해야 도레미파솔라시도를 만들 수 있나요?

간단해요. 도 음을 만드는 줄의 길이가 1이라고 할 때 이 줄의 길이를 $\frac{2}{3}$로 해 주면 도 음보다 5도 높은 솔이 나옵니다. 도와 솔은 아주 조화를 잘 이루지요. 또 줄의 길이를 $\frac{1}{2}$로 하면 도보다 8도 높은, 높은 도가 나와요. 이것도 역시 낮은 도와 조화를 이루는 음이지요. 이 세 수를 보세요.

$1, \frac{2}{3}, \frac{1}{2}$

아무 규칙이 없잖아요?

그럴까요? 각각의 수의 역수(분자와 분모를 바꾼 수)를 취해 보세요. $1, \frac{3}{2}, 2$.

이것도 규칙이 없어 보이는데요?

잘 보세요. 세 개의 수의 차이가 $\frac{1}{2}$씩이에요. 얼마나 아름다운 규칙입니까? 그래서 우리는 $1, \frac{2}{3}, \frac{1}{2}$처럼 역수를 취하면 차이가 일정한 수열을 조화수열이라고 불러요. 이런 방법으로 줄의 길이를 조절하여 모든 음을 낼 수 있어요.

정말 아름답군요, 음악 속에 이런 멋진 수학이 있다는 게. 어

때요, 판사님?

 나도 놀라워요. 현악기 줄의 길이가 이런 아름다움 수열과 관계있다는 것이. 공연 준비 팀이 만일 이런 관계를 알았더라면 하프의 줄이 끊어져도 하프를 고칠 수 있었을 것이라고 여겨져 원고 측 주장에 이유가 있다고 판결합니다.

재판 후 하프 줄에 수열이 숨어 있다는 것을 알게 된 많은 음악 대학에서는 음악과 학생들로 하여금 수학 과목을 의무적으로 배우게 했다.

🎩 피타고라스

줄의 길이와 음악의 계이름과의 수학적 관계를 처음 알아낸 사람은 피타고라스 정리로 유명한 그리스의 수학자 피타고라스이다. 그는 줄의 길이가 조화수열을 이룰 때 그 줄을 퉁기면 조화로운 소리가 나온다고 생각했다.

등비수열

이웃하는 두 수의 비가 일정한 값이 되는 수열을 등비수열이라 하고, 일정한 비 값을 공비라고 합니다. 그러니까 이 등비수열의 공비는 2가 되지요.

제1항이 2이고 공비가 3인 등비수열을 봅시다. 3씩 곱해지니까 다음과 같습니다.

2 , 6, 18, 54, …

이 수열의 제10항은 뭐가 될까요? 계속 3씩 곱하면 찾을 수 있습니다. 하지만 다른 규칙을 찾아봅시다.

제1항 = 2
제2항 = 6 = 2 × 3
제3항 = 18 = 6 × 3
제4항 = 54 = 18 × 3

제3항에서 6 = 2 × 3을 쓰고 제4항에서 18 = 6 × 3을 쓰면 다음과 같이 됩니다.

제1항 = 2

제2항 = 6 = 2 × 3

제3항 = 18 = 2 × 3 × 3

제4항 = 54 = 6 × 3 × 3

다시 제4항에서 6 = 2 × 3을 쓰면 다음과 같이 되지요.

제1항 = 2

제2항 = 6 = 2 × 3

제3항 = 18 = 2 × 3 × 3

제4항 = 54 = 2 × 3 × 3 × 3

규칙이 보이죠? 제2항은 제1항에 3을 한 번 곱하면 되고 제3항
은 제1항에 3을 두 번 곱하면 됩니다. 똑같은 수를 곱하는 것을 거
듭제곱으로 나타낼 수 있습니다. 그러니까 $3 \times 3 = 3^2$이고 $3 \times 3 \times 3 = 3^3$으로 나타낼 수 있지요. 그럼 다음과 같이 됩니다.

제1항 = 2

제2항 $= 6 = 2 \times 3$

제3항 $= 18 = 2 \times 3^2$

제4항 $= 54 = 2 \times 3^3$

아하! 그러니까 제10항은 제1항에 3을 아홉 번 곱하면 되니까 $2 \times 3^9 = 39366$이 됩니다. 이렇게 규칙을 알면 일일이 계산하지 않고도 수열의 항들을 알 수 있답니다.

일반적으로 제1항은 a, 공비는 r인 등비수열의 일반항은 $a_n = a \times r^{n-1}$이 됩니다.

여러 가지 수열에 관한 사건

여러 가지 수열— 0과 1의 비밀

신기한 수열— 1, 2, 3, 다음에 오는 수가 4가 아니라면?

표를 이용한 수열— 수학 왕도 못 푼 한 문제

여러 가지 수열— 스크루지의 비밀번호

수학 퍼즐— 똑똑했던 그가 망신을 당한 이유

피보나치수열— 토끼를 많이 가질 수 있는 방법

신기한 수열— 계산하지 않아도 풀리는 답

여러 가지 수열— 경품을 둘러싼 수열의 음모

순환소수의 규칙성— 정보국 요원의 실수

0과 1의 비밀

사기꾼의 속임수에는 어떤 수학적 비밀이 숨어 있을까요?

"자, 그럼 나의 환상적이고도 완벽한 3점 슛이 마지막으로 갑니다! 슛, 골인! 오늘도 모두 예상했던 대로 나의 승리다! 하하하."

"진짜 살다 살다 너같이 징그러운 녀석은 처음이다. 결국 오늘 점심도 내가 사게 된 거냐? 벌써 이게 몇 번째야. 그 돈만 모았어도 집을 한 채 샀겠다."

"그러길래 승리의 신인 김열정 님에게 감히 덤비긴 왜 덤비나? 하하하! 이게 다 네 복이다. 너무 억울해 하지 마라!"

대학교 3학년인 김열정은 승부욕으로 말하자면 그 깊이가 해저

탐험이고, 넓이가 세계 바다인 사람이다. 그 때문에 승패가 갈리는 게임을 한번 시작하면 물불 가리지 않고 달려들어 꼭 승리를 쟁취하고야 만다. 이렇듯 매번 내기에서 이기고 마는 그의 성격 탓에 종종 친구들의 원성을 듣곤 한다. 하지만 한번 지고 나면 그 분함이 일주일 넘게 계속되는 김열정이기 때문에 친구들은 그저 그의 승부욕에 항상 말없이 당해 줄 뿐이다.

그날도 김열정이 친구들과의 점심 내기 3:3 농구 경기에서 이겨 점심을 얻어먹고 집에 오던 길이었다.

"자자, 여기 카드 10장에 숫자를 적기만 해! 맞히면 저기 보이는 대형 텔레비전이 공짜! 틀리면 내 소원 하나 들어주기! 이거 비교가 안 돼! 내 소원은 소박하지만 받아 가는 건 대형 텔레비전! 일단 한번 도전해 봐!"

웬 남자가 집으로 향하는 길가에 서서 카드 10장을 펴 놓고 이렇게 떠들고 있었다. 물론 첫눈에 사기꾼 같아 보이긴 했지만 태어나서 한 번도 내기란 것에 져 본 적이 없는 김열정은 유심히 그곳을 지켜보고 있었다.

또한 며칠 전에 새로 산 DVD 플레이어로 영화를 보면서 대형 텔레비전에 대한 마음이 절실했던 김열정은 이게 아마도 자신에게 텔레비전을 주려는 하느님의 계시가 아닐까 하고 생각했다. 이미 마음을 먹은 김열정은 한걸음에 그 남자를 향해서 걸어갔다.

"제가 도전해 보겠습니다!"

"역시 대한의 용감한 청년! 자, 그럼 설명할 테니까 잘 듣고 나중에 딴말하기 없기! 약속!"

"아저씨나 나중에 텔레비전 못 준다고 하지 마세요!"

"아니, 그런 섭섭한 말씀을! 약속은 지키라고 있는 것! 걱정 말고 학생이 지면 내 소원 들어주기, 잊지 마! 그럼 자자, 설명 들어갑니다! 일단은 여기 10장의 빈 카드를 드립니다. 여기다가 0, 1, 2 중 아무 숫자나 하나씩 써 주신 다음, 제가 드리는 질문 두 개에 대답하시고 나서 제가 0, 1, 2가 각각 몇 개씩 써졌는지 맞히는 게임입니다. 제가 맞히면 학생이 소원 들어주기! 내가 틀리면 대형 텔레비전! 자, 그럼 시작합니다!"

김열정은 3가지 숫자를 과연 맞힐 수 있을까라는 생각이 들면서 왠지 모르게 이길 수 있을 것 같은 기분이 들었다. 그 아저씨가 사기꾼 같아 보이기는 했지만 단숨에 자기가 적은 숫자를 맞힐 만큼 똑똑해 보이지는 않았기 때문이다. 하지만 그래도 혹시나 하는 기분에 숫자를 최대한 헷갈리게 마구잡이로 적어 놓고 아저씨에게 내밀었다.

"자, 여기요. 다 적었어요."

"느낌이 온다. 느낌이 와! 학생이 왠지 내 소원을 들어줄 것 같은 기분! 자, 그럼 내가 질문을 딱 두 개만 하겠어. 10장의 카드에 적힌 모든 숫자를 더하면?"

"음……, 11이요."

"그럼 10장의 카드에 적힌 모든 숫자를 제곱하여 더하면?"

"제곱이요? 귀찮게…… 잠시만요. 19요."

"자, 그럼 학생. 내가 학생이 10장의 카드에 쓴 0, 1, 2의 개수를 맞혀 볼게. 여기서 내가 맞히면 내 소원 들어주기! 틀리면 대형 텔레비전! 알겠지?"

'아저씨가 저걸 이 자리에서 금방 어떻게 맞히겠어? 말도 안 돼. 그렇고 말고! 그럼 대형 텔레비전은 이제 내 것인가? 하하하하!'

"자, 0이 총 3장, 1이 총 3장, 2가 총 4장. 합이 10장. 어때? 내 실력이? 자, 그럼 카드 좀 볼까? 0이 하나, 둘, 셋! 합이 3장! 그리고 1도 3장, 2는 4장, 내가 맞혔네!"

"자, 잠깐만요! 제가 다시 한 번 세어 볼게요!"

"아무렴 내가 이렇게 많은 사람들 앞에서 틀리게 셌을까 봐? 뭐, 그럼 한번 세 보든가!"

"이상하다! 정말 맞네."

"일단은 우리가 약속했던 대로 학생이 내 소원 들어줘야지! 요거 약 보이지? 사실 앞에서 했던 쇼는 다 웃기려고 한 거고! 이 약이 얼마나 대단한 약인데! 일단 한번 사 두면 학생 죽을 때까지 두고두고 요긴하게 쓸 수 있을 거야! 설명서는 안에 있으니까 읽어 보고. 자, 3만 원!"

"약속은 약속이니까 일단은 사 드리겠지만 아저씨 다음에 저 보면 조심하세요. 진짜 오늘의 이 억울한 기분을 그땐 저 텔레비전으로 보상받을 테니까."

"녀석, 성깔 있네. 맘대로 해!"

김열정은 억울한 생각이 들었지만 약속은 약속이었기에 일단은 3만 원을 지불하고 약을 구매하였다. 집으로 오는 내내 자신이 태어나 처음으로 내기에서 졌다는 충격과 빼앗긴 3만 원이 억울해 화가 머리끝까지 났다.

"잠깐! 이거 아무래도 이상해."

김열정은 슬슬 의심이 생기기 시작했다. 세 가지 숫자 중에 0과 1이 끼여 있는 것도 이상했고, 질문을 두 개씩이나 한 것도 이상했다. 김열정은 다시 약장수를 찾아가 따져 물었다.

"아, 맞아! 그래 비밀은 그거였어! 당신 확실히 사기꾼이야. 왜 그땐 내가 당신의 빤한 수작을 모르고 3만 원에 약을 사게 된 거지? 하지만 이제 와서라도 진실을 알았으니 다행이군! 아저씨 제 돈 3만 원 다시 주세요! 이건 사기예요."

"학생이 내기를 하기 전에 이미 동의했잖아. 내가 질문을 두 개 한다고 했고. 아무리 억울해도 그렇지 나를 사기꾼으로 몰면 안 되지."

"사기가 아니라고요? 그럼 법정에서 진실을 가려요. 아저씨의 질문에 어떤 비밀이 숨어 있는지……."

0, 1, 2를 카드 10장에 나누어 적고
모든 숫자를 더한 값과 제곱하여 더한 값을 알면
각각의 수의 카드 개수를 알 수 있습니다.

김열정의 말대로 아저씨는 사기꾼일까요?
수학법정에서 알아봅시다.

 재판을 시작하겠습니다. 두 사람의 대결에서 원고가 이의를 제기했습니다. 피고의 게임에 뭔가 비밀이 숨어 있다고 하는데 어떻게 된 사건인지 변론을 들어보겠습니다. 피고 측 먼저 변론해 주십시오.

 원고와 피고는 게임에서 이기는 사람의 조건을 들어주기로 했습니다. 원고는 직접 카드에 숫자를 썼고, 피고가 그 숫자를 맞히는 데는 어떠한 속임수도 없었습니다. 단지 피고가 원고에게 카드 숫자를 알아맞히는 데 도움이 될 질문 두 가지를 할 뿐이었죠. 피고의 머리가 좋아서 카드의 숫자를 맞힐 수 있었던 겁니다.

 질문 두 가지 속에 특별한 비밀이 숨어 있었던 것은 아닙니까?

 카드는 총 10장이었습니다. 그런데 10개의 숫자를 맞히는 데 피고가 원고에게 요구한 질문은 단지 두 가지였습니다. 어떻게 두 개의 질문으로 10개의 숫자를 맞힐 수 있습니까?

 그렇다면 피고가 숫자를 맞힐 수 있었던 건 정말 두 개의 단서를 바탕으로 한 신기한 능력의 발휘였다는 건가요? 피고가

카드 개수를 맞출 수 있었던 이유가 될 만한 단서는 없었습니까? 원고 측 변론을 들어 보겠습니다.

 원고 측에서 주장하고 싶은 것은 한마디로 피고는 처음부터 원고를 속였다는 겁니다.

피고가 사기꾼이라는 건가요?

피고는 원고와 게임을 시작할 때부터 이길 것이라는 걸 이미 알고 있었습니다. 이길 게임을 제시하고, 이기는 과정을 즐긴 것과 마찬가지죠. 뻔히 이길 게임을 한다는 것은 결국 게임을 하는 것이 아니라 원고를 속이려고 한 것입니다. 당연히 사기꾼이라고 할 수 있습니다.

피고가 원고를 속였다고 생각한 이유는 무엇이고, 당연히 이길 게임이었다는 것은 어떻게 알 수 있습니까?

원고와 피고 사이에서 이루어진 게임에서 숫자를 맞힐 수 있는 방법에 대한 설명을 위해 증인을 요청합니다. 증인은 수학 게임 동호회의 다맞춰 회장님입니다.

증인 요청을 받아들이겠습니다.

검은색 뿔테 안경을 쓴 50대 초반의 남성이 계산기와 메모지를 들고 증인석에 앉았다.

피고가 원고에게 낸 문제는 특별한 능력을 갖추어야 풀 수 있는 문제입니까?

 아닙니다. 피고가 원고에게 물어본 단서 두 가지만 있으면 누구나 충분히 풀 수 있는 문제입니다. 처음부터 답을 알 수 있는 문제라고 할 수 있지요.

 그렇다면 피고는 어떻게 정답을 알 수 있었습니까?

 숫자 0, 1, 2 중에서 아무 것이나 선택해서 10개의 카드에 기록합니다. 그리고 1을 쓴 카드의 개수를 a, 2를 쓴 카드의 개수를 b라고 합시다. 나머지 카드의 개수는 0을 쓴 카드지만 0은 계산에 영향을 미치지 않기 때문에 고려하지 않아도 됩니다. 10장의 카드에 쓰인 숫자의 합이 11이고, 10장의 카드에 쓰인 숫자의 제곱의 합이 19라고 했으니 각각의 숫자를 x_1, $x_2, \cdots, x_{10}$로 나타내면,

$$x_1 + x_2 + \cdots + x_{10} = 11$$

$$x_1^2 + x_2^2 + \cdots + x_{10}^2 = 19$$

라고 쓸 수 있습니다. 이때 1이 a장, 2가 b장이므로 이를 두 개의 연립방정식으로 정리해 봅시다.

$a + 2b = 11$ -------------------------$\longrightarrow$ $a + 2b = 11$

$a \cdot 1^2 + b \cdot 2^2 = 19$ -----------------$\longrightarrow$ $a + 4b = 19$

아래 방정식에서 위 방정식을 빼면 $2b = 8$이 됩니다. 따라서 $b = 4$가 되고 2가 쓰인 카드는 4장이라는 것을 알 수 있습니다. 이 값을 방정식에 넣으면 $a = 3$이니, 1이 쓰인 카드는 3장

임을 알 수 있습니다. 따라서 1과 2가 쓰인 카드의 개수를 알

아내는 것은 그리 어려운 일이 아니지요. 간단한 계산만 할

수 있다면 충분히 알 수 있는 문제입니다.

 피고는 약을 팔기 위해 이미 자신이 문제

를 간단히 해결할 수 있다는 것을 안 상태

에서 원고에게 내기를 제안한 것이군요.

원고가 피고에게 진 것은 이미 예정되어

있었던 것이고, 원고는 피고의 속임수의

피해자입니다. 원고에게 약을 팔기 위한

피고의 계획적인 사기임을 주장합니다.

 피고는 원고에게 내기에서 이기는 사람이

제시한 조건을 들어주기로 하는 게임을

제안했습니다. 피고가 제시한 문제는 이

미 피고의 승리가 결정된 게임이며, 원고에게 약을 판매하기

위한 속임수였다고 판단됩니다. 피고는 자신이 원고를 속여

약을 판매한 사실을 인정하고 원고가 피고에게 지불한 약값

을 원고에게 환불해야 합니다. 앞으로 이 같은 일이 다시 일

어날 경우 피고는 더 큰 처벌을 받게 될 것이며, 다른 이를 속

이는 행위는 절대로 하지 말 것을 경고합니다. 이상으로 재판

을 마치겠습니다.

0의 성질

0은 덧셈에 대한 항등원이다. 여기서 항등원이란 어떤 수에 그 수를 더해도 어떤 수 자신이 되는 성질을 가진 수를 말한다. 임의의 수 a에 0을 더하면 항상 a 자신이 되므로 0은 덧셈의 항등원이다.

1, 2, 3, 다음에 오는 수가 4가 아니라면?

김평안 씨가 쓴 10이라는 답도 정답이 될 수 있을까요?

대학교 4학년인 김평안 씨는 만사태평이다. 여기저기서 사상 최고의 취업난이라고들 말하지만 그 말이 김평안 씨에게만은 예외이다. 항상 여유로운 김평안 씨를 보고 사람들은 '저 사람 정말 대단한 엘리트인가 보다. 그러니까 저렇게 놀지'. 라며 한마디씩 던졌지만 실상은 그와 정반대다. 오히려 누구보다 열심히 노력해야 할 김평안 씨지만 이상하게도 그는 매사에 여유롭다.

"엄마, 용돈 주세요. 돈이 다 떨어졌어요."

"평안아, 너 취직 준비 안 하니? 다른 사람들은 대학교 1학년 때부터 공무원 시험 준비한다느니, 연수를 간다느니 바쁘게 지내는 것 같은데, 너는 너무 태평하구나."

"엄마, 걱정 마세요. 아무렴 제가 취직할 곳이 한 군데도 없겠어요? 제가 알아서 할 테니까 걱정 마세요."

알아서 한다는 김평안 씨는 정말 다 알아서 준비하고 있었다. 불행하게도 그것이 취직이 아니라 놀 궁리였기에 문제지만 말이다. 그런 평안 씨를 아는지 모르는지 시간은 무심하게 흘러 찬바람이 쌩쌩 부는 겨울이 되고 봄이 되자, 여기저기서 취업했다는 친구들의 소식이 들려왔다.

"평안아, 나 취직했어. 운 좋게 대기업에 취직했지."

"야, 축하한다. 넌 역시 뭔가 해낼 줄 알았어. 나도 너 따라 거기에 원서나 한번 내 볼까?"

"글쎄다. 그게 좀 힘들지 않을까? 만만치 않은 곳이라."

역시 사회란 그렇게 만만한 곳이 아니었다. 설마 취직할 곳이 없을까 하고 생각하던 김평안 씨는 원서를 내 보았지만 정말로 자신을 받아 주는 회사가 없자 절망에 빠지게 되었다.

"말도 안 돼. 어떻게 이럴 수가 있지? 흑흑흑!"

"평안아, 너무 걱정하지 마라. 네가 학점도 별로고, 대학 다니면서 노력도 많이 안 했잖니. 이참에 공무원 시험 준비하는 건 어떻겠니? 네 머리가 나쁜 것도 아니고, 엄마 생각엔 네가 마음잡고 하면 될 것 같은데……."

"네, 엄마, 열심히 해 볼게요. 일단 책 사게 돈부터……."

"으휴! 알았다."

원서를 낼 때마다 탈락의 고배를 마셔야 했던 김평안 씨는 어머니의 권유에 따라 공무원 시험을 준비하기로 했다. 대학 내내 시험 기간 빼고는 도서관에 발을 들여놓은 적 없던 김평안 씨의 여유로움은 여기서도 어김없이 발휘되었다.

"흠! 이 부분은 좀 어렵네. 이렇게 어려운 건 안 나오겠지, 뭐. 그리고 보자. 이건 뭐 이렇게 외워야 할 게 많지? 일단 그냥 눈으로 한번 대충 보면 외워지겠지."

취직에 실패해 눈물 흘리며 공무원 시험을 결심했던 김평안 씨는 어디 갔는지 어느새 슬렁슬렁 공부하는 김평안 씨만 남게 되었다. 그렇게 6개월이 지나고 시험을 보았지만 결과는 좋지 않았고, 또다시 6개월이 지나 또 한 번의 시험을 보았지만 결과는 역시나 마찬가지였다. 다시 눈물의 나날을 보내던 김평안 씨, 이번에도 그를 일으킨 건 그의 어머니였다.

"평안아, 뭐든 다시 시작하자. 엄마가 기다려 주마. 그래, 그거 어떻겠니? 네가 가고 싶어 했던 대기업 있잖니, 거기 한번 도전해 보렴. 엄마가 밀어 줄 테니."

어머니의 믿음으로 다시 공부를 시작하게 된 김평안 씨는 이번엔 조금 다른 모습이었다. 해가 중천에 떠야 일어나던 습관도 하룻밤 사이에 바로 고쳐, 매일 아침 일찍 도서관으로 향했던 것이다.

이런 김평안 씨의 변화가 조금씩 쌓이고 쌓여 드디어 결실이 보일 때쯤 김평안 씨가 가고 싶어 하던 대기업의 입사 공고가 났다.

"엄마, 드디어 공고가 났어요. 우선은 서류 심사를 하니까 세상에서 제일 멋있는 이력서를 써서 꼭 합격할게요!"

김평안 씨는 며칠 동안 이력서 작성에 매달렸다. 그리고 마감 날 원서를 제출한 김평안 씨는 1차 합격자 발표만 기다렸다. 1차 합격 발표가 나야 2차 필기시험을 준비할 수 있기 때문이다.

"따르릉, 따르릉. 여보세요. 네, 여기 OO기업입니다. 김평안 씨가 제45회 입사 1차 서류 심사에 합격했다는 소식을 알려드립니다."

부모님들은 너무 기쁜 나머지 소리를 지르고 서로 부둥켜안고 했지만 차분하게 다음을 준비하고 있는 사람이 있었으니, 김평안 씨였다.

"아직 좋아하긴 일러요. 2차 필기시험이 있으니까요."

김평안 씨는 다시 2차 시험에 합격하기 위해 달리기 시작했다. 그렇게 3주를 꼬박 준비하고 드디어 시험 날이 다가왔다. 만족스럽게 시험을 치르고 나온 김평안 씨는 속으로 양복을 입고 회사에 출근하는 자신의 모습을 상상하고 있었다. 하지만 김평안 씨의 바람에도 불구하고 평안 씨는 2차 시험에서 불합격하고 말았다. 하지만 김평안 씨는 자신의 성적을 믿을 수가 없었다. 분명 아는 문제들이었고, 정답을 적었다고 생각했기 때문이다. 결국 김평안 씨는 OO기업에 전화를 걸어 자신이 틀린 문제가 뭔지 알아보기로 했다.

"네, 김평안 씨는 5번 문제를 틀리셨습니다. 1, 2, 3, □에서 네모 칸에 이어질 숫자를 넣는 것이었는데, 김평안 씨는 정답을 10이라고 적으셨네요. 정답은 4입니다. 아주 쉬운 문제였는데 이걸 틀리셨네요."

"뭐라고요? 그 문제의 답은 10이 맞습니다! 그쪽에서 실수하신 거라고요!"

"1, 2, 3 다음엔 4가 오지 어떻게 10이 올 수 있나요? 김평안 씨 정신감정 한번 받아 보는 게 어떠신지요? 그럼, 이만 끊겠습니다."

"도대체 무슨 이런 사람들이 다 있어! 4밖에 생각할 줄 모르는 멍청한 회사엔 나도 가고 싶지 않아!"

졸지에 이상한 사람으로 몰린 김평안 씨는 화를 참을 수가 없었다. 자신이 맞게 쓴 답을 틀렸다고 하는 데다 이상한 사람 취급까지 했기 때문이다. 결국 김평안 씨는 그 회사를 고소하고 말았다.

$(n-1) \times (n-2) \times (n \times 3) + n$의 식에 수를 대입하면
1, 2, 3 다음에는 4뿐만 아니라 10도 올 수 있습니다.

 재판을 시작하겠습니다. 입사 시험에서 부당하게 불합격했다는 원고의 의뢰가 있었습니다. 피고 측의 변론부터 들어보겠습니다.

1, 2, 3, 다음에 10이 올 수 있을까요?
수학법정에서 알아봅시다.

 원고는 정신적으로 문제가 있는지 의심해 보아야 하는 사람입니다.

 그렇게 판단한 이유는 무엇인가요?

 피고 측 회사의 2차 시험 문제에서 원고는 아주 쉬운 문제의 답을 엉뚱하게 기록하였습니다. 그런데 너무 쉬운 문제에 터무니없는 답을 써 놓고는 자신의 실수를 인정하지 않고 자신의 답이 옳다고 주장하고 있기 때문입니다.

 어떤 문제에 어떤 답을 썼나요?

 2차 시험 문제는 1, 2, 3, □일 때 네모 칸에 들어갈 숫자를 써넣는 것이었습니다. 네모 칸의 정답은 누구나 4라는 것을 알 수 있습니다. 그런데 답을 10이라고 쓴 원고는 자신의 답이 옳다고 주장하고 있습니다.

 1, 2, 3 다음의 숫자는 보통 4라고 생각하는데, 10이라고 쓴 것은 좀 이상하긴 하군요. 그런데 원고가 정말 정신적인 문제

가 있는 것이 아니라면 10이라고 쓴 답을 옳다고 주장하는 데는 이유가 있지 않을까요? 원고는 왜 답이 10이라고 주장하는지, 원고 측 주장을 들어 보겠습니다.

 원고를 엉뚱하다고 말하기 전에 피고 측에서 낸 2차 시험 문제의 문제점이 무엇인지 확인해 주십시오.

 2차 시험 문제에 무슨 문제라도 있습니까?

 1, 2, 3, □일 때 네모 칸에 들어갈 숫자를 써 넣으라는 문제는 문제의 규칙성을 찾아서 답을 기록하라는 의도에서 낸 것 같은데요. 문제의 규칙성을 찾기에는 부족한 단서를 가지고 있습니다. 네모 안에는 4가 아닌 다른 숫자가 들어갈 수도 있습니다.

 그러면 원고가 쓴 10이라는 숫자도 답이 될 수 있습니까?

 물론입니다. 네모 안에 들어갈 숫자가 어떻게 10이 될 수 있는지 알아보겠습니다. 2차 시험 문제에서 네모 안의 답을 10이라고 기록한 원고를 직접 증인으로 요청합니다.

 증인 요청을 받아들이겠습니다.

깔끔한 정장을 차려입은 원고는 자신이 쓴 답에 대해 자신감이 가득한 얼굴로 증인석을 향해 똑바로 걸어 들어왔다.

원고는 자신이 쓴 답이 2차 시험 문제의 정답이라고 생각합니까?

물론입니다. 답이 꼭 4라고만 볼 수 없습니다.

그렇게 생각한 이유는 무엇인가요?

2차 시험 문제의 네모 안에 숫자 넣기는 숫자의 규칙성을 찾는 문제이긴 하지만 1, 2, 3만으로 다음 숫자를 결정하기에는 단서가 부족합니다. 즉, 회사 측에서는 일반적으로 숫자를 세는 순서대로 써 넣으면 4라는 값을 얻을 수 있다는 규칙성으로 문제를 제출한 것일 수 있지만 1, 2, 3만으로는 부족하며 다른 규칙성으로도 충분히 답을 얻을 수 있는 것이지요.

증인은 어떤 규칙성으로 네 번째 숫자가 10이라는 답을 얻을 수 있었습니까?

만약 $(n-1) \times (n-2) \times (n-3) + n$이라는 식으로 생각하면 네모 안의 숫자의 답은 4가 아닌 것을 알 수 있습니다. 1, 2, 3, 4, 5, … 숫자를 차례로 대입해 봅시다. n에 1을 대입하면 앞 항의 값은 0이 되고 답은 1이 됩니다. 2를 대입해도 앞 항의 값은 0이 되고 2라는 답을 얻을 수 있지요. 3도 마찬가지로 3이라는 답을 얻을 수 있습니다. 그런데 n의 값에 4라는 숫자를 대입하면 앞 항의 값이 더 이상 0이 아니게 되죠. 4를 대입하여 계산하면 $3 \times 2 \times 1 + 4 = 10$이라는 값이 나옵니다.

그렇군요. 원고는 일반적인 단순한 답을 생각하지 않고 누구

나 생각하지 못한 규칙성을 찾아냈군요. 원고의 답을 인정하지 않고 정신적으로 문제가 있다고 생각한 회사는 원고의 창의성과 높은 아이큐를 인정해야 합니다. 원고는 누구나 할 수 있는 생각이 아닌 높은 사고력으로 이 문제를 풀었다고 판단됩니다. 무한한 능력을 가진 원고를 합격시킨다면 회사 발전에 커다란 도움이 될 것이라고 생각합니다.

피고 측은 확실한 검토를 거치지 않고 2차 시험 문제를 제출한 잘못이 있다고 보입니다. 피고 측에서 제출한 문제의 정답은 4뿐 아니라 원고가 주장한 10도 인정해야 합니다. 단순하게 생각하지 않고 10이라는 답을 얻어낸 것으로 보아 원고의 두뇌가 명석하다고 인정해도 될 것 같군요. 이 문제의 답은 4와 10이 모두 인정되므로 원고의 답을 정답으로 인정해 주어야 합니다. 이상으로 재판을 마치겠습니다.

재판 후 이 이상한 수열은 많은 사람들의 관심을 끌었다. 그 후 수열 문제를 낼 때는 좀 더 신중을 기하게 되었다.

 곱의 성질

어떤 두 수 A, B가 있다고 하자. 이때 A×B=0이라면 A, B 모두가 0일 필요는 없다. 물론 이 경우도 A×B=0이지만 둘 중 하나만 0이고 다른 하나는 0이 아니더라도 A×B=0은 만족된다. 그러므로 A×B=0의 경우, A가 0이거나 B가 0이면 된다.

수학 왕도 못 푼 한 문제

1, 4, 7, 11과 2, 5, 10, 12, 그리고 3, 6, 8, 9에는 어떤 규칙이 있을까요?

사건속으로

김영식 군은 매달 15일이면 하는 일이 하나 있다. 그의 자랑이자, 그의 명예이자, 그의 모든 것인 '이 달의 수학 왕'이 바로 그것이다. 수학 왕은 〈수학 세상〉이라는 월간 수학 잡지에서 매번 그 달의 문제를 내서 가장 완벽하고 정확하게 푼 사람에게 주는 상이다. 물론, 이달의 수학 왕을 차지하게 되면 따라오는 상품에도 욕심이 있지만, 그것보다 중요한 수학 '왕'이 될 수 있는 자리이기 때문에 김영식 군은 매달 잡지가 나오는 15일이면 누구보다 일찍 서점을 찾는다.

"영식아, 너 이번 달 '이달의 수학 왕' 했어?"

"당연하지. 내가 〈수학 세상〉에 기록을 세울 거야. 알고 보니 연속 다섯 번까지 수학 왕을 한 사람이 있더라고. 내가 여섯 번 연속으로 수학 왕을 차지해서 새로운 기록을 만들 거야!"

"정말? 그 사람도 너만큼 참 대단한 사람이다. 파이팅이다!"

내일은 드디어 잡지가 나오는 날이다. 그는 이번 달 수학 왕을 차지하면 드디어 여섯 번 연속 우승이라는 신기록을 세울 수 있다는 생각에 잔뜩 들떠 있었다.

"따르릉—. 여보세요?"

"네, 여기는 월간 〈수학 세상〉입니다. 혹시 김영식 씨 계신가요?"

"네, 접니다. 그런데 무슨 일로……."

"다름이 아니라 저희가 개인적으로 부탁드릴 일이 있어서 그러는데, 내일 저희 사무실로 방문해 주실 수 있을까요? 부탁드립니다. 전화로 하기엔 불편한 이야기라서."

"네, 그럼 알겠습니다. 내일 가죠."

김영식 군은 뜻밖의 전화에 당혹스러웠다. 도대체 〈수학 세상〉에서 왜 그에게 사무실로 와달라고 부탁했는지 짐작할 수가 없었다. 그렇지 않아도 김영식 군은 내일 잡지가 나오는 날이라 온통 신경을 그쪽에 쓰고 있었는데, 신경 써야 할 일이 한 가지 더 늘어난 것이다.

'도대체 뭐지? 혹시 내가 수학을 너무 잘하니까 명예기자라도 시켜 주려고 그러는 건가? 호호호, 아니야 마지막에 불편한 이야기라고 했는데…… 도대체 뭘까?

하루 종일 생각해도 이유를 알 수 없었던 김영식 군은 일단 잠자리에 들었다. 내일 서점 문이 열리자마자 〈수학 세상〉을 사야 했기 때문이다.

"벌써 9시네! 10시에 서점 문을 여니까 빨리 출발하자!"

부랴부랴 준비를 마치고 서점에 도착한 시간은 9시 50분이었다. 10시가 되고 서점 문이 열리자 김영식 군은 바로 〈수학 세상〉을 구입했다.

"문제는 나중에 풀고 일단 잡지사 사무실로 가 봐야겠군."

자신이 애독하던 잡지사를 찾아가려니 살짝 긴장이 된 김영식 군은 발걸음을 재촉하였다.

"안녕하세요. 제가 편집장입니다. 일단 이쪽으로 앉으시죠. 저는 수학 왕을 항상 놓치지 않는 분이라 수학을 전공하는 대학생인 줄 알았는데 고등학생이었군요."

"그런가요? 제가 워낙 수학 광이라."

"그럼 본론부터 말씀드리겠습니다. 저희가 매달 수학 왕을 뽑는 데는 여러 가지 목적이 있습니다. 김영식 군은 매달 수학 왕을 차지하고 싶은 욕심이 있으시겠지만 저희 쪽에서는 다른 분들에게도 기회를 골고루 드리고 싶어 합니다. 수학 왕을 차지하게 되면 주는 선물 때문에 구독하시는 분들이 많기 때문에……. 한데 요즘 여기저기서 여러 말이 나오고 있습니다. '김영식 군이 출판사 사람이다, 일부러 짜고 선물을 안 주려고 그러는 거 아니냐.' 라는 말이 나온다는 겁니다. 그래서 저희가 김영식 군에게 특별히 부탁을 드리려고 하는 겁니다. 이번 달부터는 수학 왕에 응모를 안 해 주셨으면 하고요."

"뭐라고요? 저한테 수학 왕은 삶 그 자체입니다. 한 달 동안 잡지를 기다렸다가 문제를 풀고, 다음 달 '이달의 수학 왕'으로 뽑혀 제 이름이 잡지에 나는 것이 제 인생에 있어서 가장 중요한 일이라고요. 흑흑흑!"

출판사로부터 수학 왕을 포기하라는 말을 들은 김영식 군은 온몸에서 기운이 다 빠져나가는 것 같은 느낌을 받았다. 자신이 계획했던 신기록 달성이 물거품처럼 사라졌기 때문이다. 그때 갑자기 김영식 군의 머리를 스치고 지나가는 생각이 하나 있었다.

"하하하! 부탁이라고 부탁! 부탁이야 안 들어 주면 그만이잖아? 하하하, 이런 간단한 방법이! 당연하지, 수학 왕은 내 인생의 전부니까!"

출판사의 부탁을 거절하기로 결심한 김영식 군은 집에 오자마자 〈수학 세상〉을 펴고 이달의 수학 왕 문제를 풀기 시작했다. 그런데 지금까지 수학 왕 문제를 완벽하게 풀던 김영식 군을 당황하게 만드는 문제가 나왔다.

1	4	7	
2	5	10	
3	6	8	

표의 빈칸을 채우라는 것이었다. 김영식 군은 아무리 생각해 봐도 답이 떠오르지 않았다.

"이거 아무래도 이상해. 어려운 문제가 있긴 했지만 이렇게 손도 못 댈 만큼의 문제는 나온 적이 없단 말이야. 정말 이상해. 아! 이거 혹시 나의 수학 왕 기록을 막으려는 출판사의 음모가 아닐까? 어제 출판사로 불러낸 건 일종의 복선이었던 거야. 하하하하! 이 사람들 정말 웃기는군. 감히 내 수학 왕 자리를 뺏기 위해 이런 짓을 해? 이렇게 독자를 우롱하는 사람들은 본때를 보여 줘야 해."

이달의 수학 왕을 못하게 하려고 일부러 말도 안 되는 문제를 출제했다고 생각한 김영식 군. 결국 그는 출판사를 사기죄로 고소하였다.

위의 표를 이용한 수열은
수학적인 계산이 사용되지 않은 문제입니다.

표에는 어떤 규칙이 있을까요?
수학법정에서 알아봅시다.

 재판을 시작합니다. 먼저 피고 측 변론하
세요.

 자신이 수학 실력이 없어서 못 푼 문제를
가지고 출판사의 음모니 뭐니 운운하다니 정말 매너 없는 행
동이군요. 본 변호사는 원고를 무고죄로 고소할 예정입니다.
자신의 패배를 인정하지 않는 원고 같은 사람, 정말 문제 있
습니다. 그렇죠, 판사님?

 재판을 지켜봅시다. 원고 측 변론하세요.

 이번 문제를 출제한 출판사 편집장을 증인으로 요청합니다.

　머리가 벗겨진 50대의 남자가 증인석으로 천천히
걸어 들어왔다.

 이번 문제를 출제했지요?

 그렇습니다.

 이번 문제의 답이 있나요?

 네.

 빈칸에 어떤 수가 들어가죠?

 다음과 같습니다.

1	4	7	11
2	5	10	12
3	6	8	9

 1, 4, 7, 11과 2, 5, 10, 12, 그리고 3, 6, 8, 9에는 어떤 규칙이 있죠? 아무리 봐도 규칙이 없어 보이는데…….

 이번 문제는 정말 어려운 문제입니다. 천하의 김영식 군도 못 풀 문제지요.

 그러니까 그 규칙이 뭐냔 말입니까?

 1, 4, 7, 11은 직선으로만 이루어진 숫자들이고, 2, 5, 10, 12는 직선과 곡선으로 이루어진 숫자들이고, 3, 6, 8, 9는 곡선으로만 이루어진 숫자입니다.

 헉! 좋은 문제이긴 하지만 이걸 수학 문제라고 해야 할까요? 판사님! 현명한 판결 부탁드립니다.

 판결합니다. 피고 측이 낸 문제와 해답에 대한 설명을 들었습니다. 재미있는 문제이기는 하지만 풀이 과정에 수학적인 계산이 하나도 사용되지 않았으므로 이 문제는 수학 문제로 볼 수 없다는 것이 본 재판부의 의견입니다.

재판 후 잡지사는 지난번 문제를 무효로 하고 새로운 문제를 출제했다. 그리고 김영식 군이 다시 한 번 우승하는 놀라운 기록을 세웠다.

홀수의 합

1+3=2^2, 1+3+5=3^2, 1+3+5+7=4^2이다. 그러므로 홀수를 차례로 더하면 항상 어떤 수의 제곱이 된다는 것을 알 수 있다.

스크루지의 비밀번호

0, 2, 24, 252 다음에 오는 수를 찾아 은행 금고를 열 수 있을까요?

수학시의 스크루지 은행, 은행이 생긴 지 3년 만에
도시의 다른 큰 은행과 비교해도 될 만큼 성장한
비결은 바로 은행장이었다.

"저기, 이번 달 대출 좀 부탁드립니다."

"손님, 제가 손님 사정은 알겠지만 담보가 없지 않습니까? 거기
다가 신용도 바닥이니 저희 쪽에서는 돈을 빌려드릴 수가 없습니
다. 여기서 저희한테 사정하실 시간에 차라리 어디 가서 일하시고
조금이라도 버시는 게 낫지 않을까요? 그럼, 전 이만!"

"돈을 안 빌려 주면 안 빌려 줬지, 네가 뭔데 나한테 그런 말을

하는 거야? 끼니조차 해결하기 힘든 사람을 도와주지는 못할망정……. 흑흑흑!"

스크루지 은행장의 악명은 수학시에서도 자자했기 때문에 사람들은 돈을 빌릴 때면 대부분 다른 은행을 이용했다. 하지만 몇몇은 스크루지 은행에 돈을 빌리러 갔다가 오히려 돈만 알고 인정이란 눈곱만치도 없는 은행장 때문에 상처를 받은 채 돌아오곤 했다.

한편, 은행장과는 완전히 다른 인생을 사는 사람이 하나 있었는데, 그는 바로 수학시의 착한 부자 이흥부 씨였다.

"할아버님, 저희 회사가 이번 고비만 넘기면 되는데, 돈 500만 달란이 부족합니다. 저 좀 도와주십시오."

"아이들은 잘 크고 있지? 자네 막내아들이 나한테 참 인사를 잘해. 내가 내일 아침에 500만 달란 빌려줄 테니 나를 찾아오게. 그리고 돈 몇 푼 때문에 괜한 짓 하지 말고 앞으로 더 열심히 살게. 돈은 천천히 갚아도 되니까 우선은 회사에 신경 쓰게나."

동네 사람들의 사정을 돌보며 힘든 일이 있을 때마다 도와주는 인정 많은 이흥부 씨는 사람들 사이에서 좋은 사람으로 불리곤 했다. 몇몇 사람은 할아버지가 워낙 돈이 많아 돈을 그냥 빌려주는 것이라고 비아냥거렸지만, 어쨌든 그의 인품은 동네에서도 소문이 자자했다.

이 정도쯤 되면 항상 자신과 비교되는 이흥부 할아버지를 미워할 만도 한 은행장이지만, 또 그럴 수 없는 게 할아버지가 스크루지 은행의 VIP였기 때문이다. 그래서 동네에서 제일 인정 없기로 유명한 은행장도 할아버지 앞에서는 순한 양이 되었다.

"아이고~ 할아버님 오셨습니까. 전화를 하시죠. 그럼 저희가 직접 가서 해결해 드릴 텐데. 하하하!"

"뭘 번거롭게 그러나! 운동 삼아 살살 은행까지 걸어오는 걸세."

이렇게 항상 비교되는 두 사람에게 어느 날 큰일이 생겼다. 할아버지께서 늦은 밤 외출을 하다가 그만 사고가 난 것이다. 동네 사람들은 모두 생전에 좋은 일을 많이 하셨던 할아버지를 떠올리며 슬픔에 잠겼지만, 그 순간 오히려 기뻐하는 사람이 한 명 있었으니 바로 은행장이었다.

"자자, 여기 좀 주목해 주십시오. 할아버지께서 좋은 분이셨던 건 모두가 아는 사실 아니겠습니까? 그러니까 이제 그만 좀 우시고, 산 사람은 살아야죠. 제가 드릴 말씀이 있습니다. 할아버지께서 살아생전에 저희 은행에 맡겨 놓았던 어마어마한 금액의 재산이 있습니다. 할아버지께서는 생전에 이 돈을 사회의 어려운 사람들을 위해 쓰시겠다고 누누이 말씀하셨지만, 할아버지께서 유언도 하지 못하고 떠나시는 바람에 돈의 행방이 정해지지 않게 되었습니다.

또한 할아버지의 비밀 금고 번호를 아는 사람도 없고, 유산을 상속 받을 자식들도 없기 때문에 일주일 동안 이 금고의 비밀번호를 알아내 찾아가는 사람이 없다면 이 돈은 자동으로 은행의 것이 됩니다. 그럼 이만!"

사람들은 술렁이기 시작했다. 무엇보다 할아버지의 죽음을 앞에 두고 저런 생각이나 하고 있는 은행장을 괘씸하게 생각했다. 또한 할아버지께서 어떻게 모으신 돈인데 저런 나쁜 놈에게 줄 수 있냐고 그를 비난했다. 동네 사람들은 여기저기서 의견을 내며 할아버지가 평소에 그랬던 것처럼 어려운 사람들을 위해 쓰자고 마음을 모았다.

우선은 할아버지 이름으로 재단을 설립하고 수익 사업을 하면서 동네의 어려운 이웃들에게 얼마씩의 보조금을 지급하기로 결정한 것이다.

"우선은 할아버지 금고의 비밀번호를 알아야 하는데 그걸 어떻게 알아내지요?"

"저도 그 금고를 사용해 봐서 아는데 스크루지 은행에서는 혹시 주인이 비밀번호를 잊어버렸을 경우를 대비해 비밀번호의 힌트를 남겨둔다고 합니다. 은행장에게 그걸 보여 달라고 해서 함께 고민해 봅시다."

하지만 순순히 힌트를 내줄 은행장이 아니었다. 이틀 동안 은행장과 씨름한 끝에 힌트를 얻어 내긴 했으나 당혹스러운 건 오히려 동네 사람들이었다. '힌트 : 0, 2, 24, 252 다음에 오는 수가 비밀번호'라고 적혀 있었기 때문이다. 사람들은 며칠 동안 고민하고, 또 생각하고, 모여서 토론까지 벌였지만 은행장이 말한 일주일의 시간이 무심하게 흘러갈 뿐 아무도 그 정답을 찾지 못하고 있었다.

그리고 일주일째 되는 마지막 날이 되었다.

"후후! 이제 드디어 할아버지의 돈이 우리 은행 것이 되는 건가? 오늘까지 오지 않으면 우리 돈이 되는군!"

은행장은 음흉한 미소를 지었다.

동네 사람들도 여기저기 모여서 웅성거렸다.

"가능한 모든 번호를 다 눌러 봅시다."

"그건 소용없어요. 비밀번호는 세 번까지만 누를 수 있다고요."

"그럼, 수학법정에 도와달라고 합시다."

"그거 좋은 생각입니다."

마을 사람들은 수학법정으로 달려갔다.

같은 수를 여러 번 곱하는 것을
그 수의 거듭제곱이라고 합니다.

여기는 **수학법정**

0, 2, 24, 252 다음에 오는 수는 무엇일까요?
수학법정에서 알아봅시다.

재판을 시작하겠습니다. 이번 사건은 자신
의 재산이 사회의 좋은 일에 쓰이기를 원
하는 할아버지의 금고 비밀번호에 대한 의
뢰 사건입니다. 반드시 해결하여 수학법정의 체면을 지킵시
다. 먼저 수치 변호사, 의견 말씀해 주세요.

할아버지와 관련된 수가 비밀번호 아닐까요? 생년월일이나
전화번호 같은 거 말입니다. 대충 세 번 눌러 보고 안 되면 은
행이 소유하면 되지요.

수치 변호사 잠이나 자세요.

그래도 신성한 법정인데…… 그럼 매쓰 변호사, 의견 말씀해
보세요.

일주일 동안 할아버지 금고의 비밀번호를 풀 시간이 주어졌
습니다. 비밀번호를 알아내는 데 마을 사람들의 관심이 집중
되었지만 해결하지 못했습니다. 그래서 비밀번호 수학 전문
가를 증인으로 요청합니다.

증인은 앞으로 나와 주십시오.

40대 중반쯤 된 어두운 표정의 남자가 증인석으로
걸어 들어왔다.

 금고의 비밀번호를 알 수 있나요?

 그렇습니다.

 어떤 규칙이 있죠?

 1, 2, 3, 4, ……의 순서대로 볼 때 각 숫자를 그 숫자의 수만
큼 곱한 값에 자기 자신의 값을 빼 주면 됩니다.

 증인의 설명을 쉽게 이해하기 힘든데요. 좀 더 쉽게 설명해
주시면 감사하겠습니다.

 계산 과정을 바로 설명해 드리는 것이 좋겠습니다. 1, 2, 3, 4,
……순서대로 보겠습니다. 먼저 1의 1승에서 1을 빼면 1^1-
$1=0$이 됩니다. 두 번째 2의 2승에서 2를 빼면 $2^2-2=2$가 되
지요. 이처럼 3을 계산하면 3의 3승에서 3을 빼면 되므로 3^3-
$3=24$를 얻을 수 있습니다.

 다음은 4군요. 4의 4승에서 4를 빼면 되나요?

 그렇습니다. 4의 4승에서 4를 빼면 $4^4-4=252$가 됩니다. 여
기까지는 할아버지의 비밀번호 힌트였습니다. 그 다음 수가
할아버지 금고의 비밀번호이며, 그 수는 5의 5승에서 5를 빼
면 됩니다. 따라서 $5^5-5=3120$을 얻을 수 있습니다.

 그렇다면 비밀번호는 3120이겠군요.

그렇습니다. 이 번호를 금고에 넣으면 분명히 금고가 열릴 것입니다. 금고가 열려 은행장 손에 들어갈 할아버지의 재산을 지킬 수 있길 바랍니다.

증인께서는 할아버지의 금고가 은행장의 손에 들어가지 않는 데 가장 큰 역할을 한 사람입니다. 증인께서 풀어 준 비밀번호를 넣어 금고의 돈을 받을 수 있다면 할아버지가 살아생전 그러하셨던 것처럼 어려운 사람들을 위해 쓰일 수 있을 것입니다.

> ### 거듭제곱
>
> 같은 수를 여러 번 곱하는 것을 그 수의 거듭제곱이라고 한다. 예를 들어 2를 3번 곱한 것을 2^3이라고 쓴다. 즉, $2^3 = 2 \times 2 \times 2$를 나타낸다.

은행장에게 할아버지의 피와 땀이 묻은 돈을 고스란히 빼앗길 수는 없습니다.

비밀번호가 일치한다면 할아버지의 돈은 은행의 소유가 아니라 할아버지의 생각과 동네 사람들의 의견대로 할아버지 이름으로 재단을 설립하고, 수익 사업을 벌여 동네의 어려운 이웃들에게 얼마씩의 보조금을 지급하는 등 어려운 사람들을 위해 쓰이도록 할 것입니다. 이상으로 재판을 마치겠습니다.

재판이 끝나자 은행장은 다 잡은 고기를 놓친 동물처럼 뾰로통한 얼굴로 마을을 돌아다녔다. 그리고 할아버지의 유산은 가난한 사람을 돕는 데 쓰이게 되었다.

똑똑했던 그가 망신을 당한 이유

'O, T, T, F, F, S, S……' 는 무엇을 의미하는 걸까요?

"기쁜 우리 숭구리당당 선데이! MC 유재숑입니다.
그럼 오늘의 첫 코너 시작합니다. 오늘의 첫 코너,
장안의 화제죠! 아직까지 깨지지 않는 마지막 관문
을 뚫기 위한 스타들의 치열한 대결, '외워야 산다!' 입니다. 오늘
은 연예계의 럭셔리 브레인으로 알려진 지정훈 씨를 모셨습니다.
안녕하세요?"

"네, 안녕하세요. 오늘을 위해 제 모든 스케줄을 비우고 연습에
만 몰두했습니다. 제가 오늘 반드시 마지막 관문을 뚫겠습니다!"

요즘 가장 잘나가는 프로그램인 '외워야 산다' 는 연예인들이 출

연하여 생전 처음 들어 보는 단어 100개를 그 자리에서 외워 맞히는 코너이다. 인기가 높은 코너인 만큼 많은 연예인들이 출연하였지만 번번이 마지막 관문에서 실패하였는데, 드디어 오늘 지정훈 씨가 도전을 하게 된 것이다. 명문대학교 재학생으로 가수 데뷔를 하면서 그가 천재라는 둥, 전국 일등을 했다는 둥 여러 소문이 돌았지만, 그 동안 확인할 기회가 없었던 시청자들에게는 오늘이야말로 지정훈을 둘러싼 소문들을 확인할 수 있는 좋은 기회였다.

"자, 긴장되는데요. 지정훈 씨는 지금 오늘의 주제인 박테리아 사진을 보고 이름을 맞히고 계시는데요. 드디어 마지막 관문에 도달했습니다. 이제 80개를 다 맞히고, 남은 20개를 맞히면 최초로 달인에 도달하시게 되는데요. 그럼 시작해 보겠습니다."

"다 썼습니다."

"지정훈 씨, 단숨에 20개의 답을 적으셨네요. 그럼 정답 확인하겠습니다. 1번 정답. 그 다음 정답, 정답, 정답……. 이런! 지정훈 씨가 시청자분들의 예상대로 20개를 모두 쓰셨습니다! 달인 탄생! 소감 한 말씀 해 주시죠."

"글쎄요. 제가 마지막 관문에서 실패할 거란 예상은 안 했습니다. 어려서부터 똑똑하기로 유명했던 저였느니, 오죽하겠습니까? 당연한 결과라고 생각합니다."

이렇게 우승 소감을 말한 후, 지정훈은 네티즌과 신문 기자들로부터 겸손하지 못한 자세라며 비난을 받았다. 그가 똑똑하고 명문대생인 건 모두가 아는 사실이었지만, 그의 철없는 행동에 사람들이 실망했기 때문이다. 그 일이 있은 후 그의 가수 생활에 도움이 되었던 명문대 재학생이라는 타이틀은 오히려 그를 더욱더 힘들게 만들었다.

"후! 이럴 순 없어. 솔직히 내가 없는 말을 한 것도 아닌데 너무들 하는군. 형, 이제 어쩌죠?"

"그러게. 매니저인 내가 해 줄 수 있는 게 하나도 없다, 정훈아."

하루아침에 떨어진 인기를 실감하며 두 사람의 속은 까맣게 타들어갔다. 아무리 생각해도 다시 예전의 인기를 누릴 수 있는 방법을 찾지 못하고 있던 순간, 지정훈이 먼저 말을 꺼냈다.

"형, 이건 어떨까요? 그거 있잖아요. 주말에 하는 추리 프로그램. '셜록홈즈를 찾아서!' 거기에 나가 제가 우승을 한 다음 겸손하게 소감을 말하는 거예요. 그럼 사람들도 저 녀석이 이제 정신을 차렸군, 하지 않을까요?"

"좋은 생각이긴 한데……. 너 마지막 단계까지 가서 우승할 수 있겠어? 거기 문제 생각보다 꽤 어렵던데."

"그건 걱정 마세요! 제가 누군데요!"

"네가 또 그렇게 자랑하니까 더 불안해진다."

자신의 재기를 위해 '셜록홈즈를 찾아서'에 출연을 결심한 지정훈 씨. 예상대로 인터넷에 사람들의 악플이 달리기 시작했지만 자신의 명예 회복을 위해 결심을 꺾을 순 없었다.

"34회 셜록홈즈를 찾아서! 오늘의 첫 손님은 지정훈 씨입니다. 요즘 조금 안 좋은 일들이 많은 지정훈 씨인데요. 오늘은 연예인 지정훈 씨가 아닌 추리를 사랑하는 한 사람으로 보고 시청해 주셨으면 좋겠습니다. 그럼 지정훈 씨 나와 주시죠."

"네, 오늘 꼭 우승해서 저의 달라진 모습을 보여드리겠습니다."

"네, 그럼 오늘의 첫 번째 퀴즈 출발합니다. 연쇄 살인 사건의 현장. 셜록홈즈는 범인이 남긴 것으로 추정되는 쪽지 한 개를 찾았습니다. 쪽지에는 덩그러니 O, T, T, F, F, S, S……라고만 적혀 있는데요. 과연 범인이 남긴 쪽지의 의미는 무엇일까요?"

'이거 어렵네. 잘 모르겠어. 우승해서 겸손해진 내 모습을 보여 줘야 하는데 오히려 첫 번째 문제에서 틀려 망신만 당하게 생겼군. 진정하고, 생각해 보자. O, T, T, F, F, S, S……라, 이게 뭘까?'

"지정훈 씨 카운트 들어가겠습니다. 5, 4, 3, 2, 1. 자, 그럼 지정훈 씨가 생각하는 답은?"

"잘, 잘 모르겠습니다."

겸손한 모습으로 우승 소감을 말하려고 했던 지정훈의 예상은 산산이 부서져 버렸다. 이 일로 인해 그 전보다 더 많은 비난을 들어야 했고, 한쪽에선 지정훈이 진짜 명문대학교 재학생이냐고 의심하는 사람들도 나타났다. 그 전보다 몇 배의 고통을 견뎌야 했던 지정훈은 갑자기 어떤 생각이 떠올랐다.

"이거 좀 이상해. 그 문제 아무래도 답이 없는 게 아닐까? 방송국에서 나를 완전히 매장시키려고 그런 문제를 일부러 낸 거 아니냐? 그래도 내가 명문대 학생인데 첫 번째 문제에서 떨어진다는 건 말이 안 되지."

그길로 지정훈은 방송국을 찾아가 방송 관계자에게, 혹시 자신을 방송국에서 매장시키기 위해 음모를 꾸민 것 아니냐며 따지기 시작했고, 방송국에서는 급기야 그를 정신 이상자로 몰아 방송국 밖으로 끌어냈다. 하지만 그의 생각은 거기서 멈추지 않았다.

"확실하군. 내가 문제에 답이 없냐고 묻자 다들 놀라는 눈치였어. 이대로 가만있을 수 없지. 당장 법정에서 진위를 가려야겠어!"

그는 자신에게 주어진 문제를 가지고 수학법정을 찾기로 했다.

O, T, T, F, F, S, S……는 숫자의 알파벳 첫 글자입니다.

지정훈 씨가 풀 수 없었던 문제의 답은
무엇일까요?
수학법정에서 알아봅시다.

 지정훈 씨의 실력이 모자라는 것일까요?

아니면 진짜로 해답이 없는 문제였을까요?

원고 측 변론을 들어보겠습니다.

 원고인 지정훈 씨의 능력은 무시할 수 없습니다. 지금까지 지
정훈 씨가 풀지 못한 문제는 없을 정도였고, 누구나 지정훈
씨의 능력으로 풀지 못하는 문제는 없다고 보아 왔습니다. 간
혹 풀지 못하는 문제가 있다면, 그 문제에 오류가 있거나 해
답이 없는 경우였습니다. 이번 문제도 지정훈 씨가 전혀 감을
잡지 못하는 것으로 보아 문제의 답이 존재하지 않는 것이 분
명합니다. 따라서 '셜록홈즈를 찾아서'의 이번 문제는 답이
없는 문제라고 주장합니다.

수치 변호사의 주장은 너무나 주관인 변론입니다. 좀 더 객
관적인 변론을 통해 인정을 받도록 해야겠습니다. 범인이 남
긴 쪽지가 의미하는 것이 무엇인지 알아낼 방법은 없을까요?
피고 측 변론을 들어 보겠습니다.

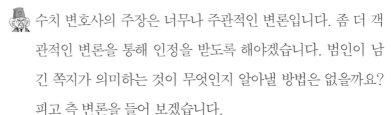 원고 측에서 풀지 못한 문제가 해답을 갖지 않는 문제라는 것
은 원고의 억지입니다. 해답이 정확하지 않은 문제를 공공연

하게 출제해서 사람들의 비난을 살 일이 무엇입니까? 문제 출제자를 증인으로 모셔서 풀어 보도록 하겠습니다. 증인 요청을 받아 주십시오.

 증인 요청을 받아들이겠습니다.

한손에는 돋보기를 들고 다른 한 손에는 펜을 든 60대 후반의 남성이 허리춤에 원고지를 한 묶음 끼고 증인석에 앉았다.

 증인이 '셜록홈즈를 찾아서'에 문제를 제출한 사람인가요?

 그렇습니다. 제가 종종 문제를 냅니다. 원고가 풀지 못한 이번 문제도 제가 낸 것입니다.

 원고는 자신이 풀지 못한 문제에 해답이 없다고 주장하는데, 증인께서 출제한 그 문제에는 해답이 있습니까?

 방송에 나가는 문제인데 답 없는 문제를 낼 수 있을까요? 그 문제는 답이 분명히 있는 문제입니다. 제가 낸 문제를 똑똑한 원고가 풀지 못한 이유는, 간단합니다. 머리가 좋다고 풀리는 문제가 아니기 때문이지요. 제가 낸 문제는 수학 문제이긴 합니다만, 탐정의 입장에서 파헤쳐야 하므로 퀴즈 문제나 퍼즐 문제라고 볼 수 있습니다. 따라서 머리만 좋다고 잘 풀 수 있는 게 아니라 순간의 재치와 이큐도 있어야 풀 수 있답니다.

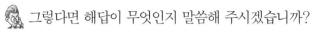그렇다면 해답이 무엇인지 말씀해 주시겠습니까?

문제 안의 범인은 알파벳을 남겼습니다. 그 알파벳은 각 단어의 첫 글자입니다.

알파벳 첫 글자들의 모임이란 얘긴가요? 어떤 단어들입니까?

O, T, T, F, F, S, S……의 알파벳 처음부터 차근차근 보겠습니다. 알파벳 O는 숫자 1을 의미하는 ONE입니다. 두 번째 알파벳 T 두 개는 숫자 2와 3을 의미하는 TWO, THREE지요.

그럼 그 뒤 두 개의 F는 숫자 4와 5를 의미하는 FOUR와 FIVE를 말하는 건가요?

그렇습니다. 이 문자들은 1, 2, 3, 4, 5, 6, 7, ……을 의미하는 숫자의 알파벳 첫 글자를 쓴 것입니다. 마지막 두 개의 S는 6과 7을 의미하는 SIX, SEVEN입니다.

증인의 말을 들으니 어려운 문제가 아니었군요. 단지 숫자를 알파벳으로 나타내고, 그 알파벳의 첫 글자를 써 놓은 거였군요.

그렇지요. 별로 어려울 건 없어서 머리가 좋아야 풀 수 있는 문제는 아니었답니다. 하하하!

증인의 설명으로 문제가 쉽게 해결되었습니다. 셜록홈즈의 범인은 숫자를 알파벳으로 바꾼 뒤 첫 글자를 쪽지에 남긴 것입니다. 따라서 해답이 없다고 말한 원고 측의 주장을 인정할 수 없는 증거가 나온 셈이지요.

원고의 머리가 좋은 것은 사실이지만, 모든 일이 머리로만 되는 것이 아님을 알 수 있는 좋은 기회였습니다. 앞으로 지혜와 총명함과 겸손함도 함께 가지는 사람이 되길 바랍니다. 이번 문제의 답은 숫자 1, 2, 3, 4, 5, 6, 7의 알파벳 첫 글자를 나타낸 것이었습니다. 퀴즈와 수학의 개념을 접목시킨 재미있는 문제였습니다. 이상으로 재판을 마치도록 하겠습니다.

재판 후 사람들은 신기한 수열을 많이 만들어 냈는데, 그중 대부분은 수학을 이용하지 않은 것들이었다.

등차수열의 합

1부터 100까지 자연수의 합을 구하는 공식을 처음 알아낸 사람은 독일의 가우스이다. 가우스는 초등학생인 7살 때 선생님이 1부터 100까지 더하라고 하자 5분도 채 못 되어 정답을 말해 선생님을 놀라게 했다.

토끼를 많이 가질 수 있는 방법

토끼 1마리가 과연 12개월 후에 233마리로 늘어날 수 있을까요?

사건속으로

"헉!"

김걱정 씨는 며칠째 계속되는 이상한 꿈을 오늘도 꾸고 있다. 낯선 도시와 낯선 도로를 혼자 달리며 땀을 흘리는 꿈이었다. 너무나 힘들어 꿈속에서도 멈추려고 했지만 멈춰지지 않고 계속 달리는 꿈은 며칠 동안 이어지면서 밤새 김걱정 씨를 괴롭히고 있었다. 오늘도 출근을 하기 위해 일어났지만 꿈 때문에 얼굴은 오히려 피곤해 보였다.

"어이, 김대리 얼굴이 왜 이래? 요즘 무슨 고민 있어? 얼굴이 너무 안 좋네."

"아, 아니요. 요즘 꿈이 하도 뒤숭숭해서."

"그래? 이를 어쩌나 너무 힘들면 자기 전에 동네 몇 바퀴 돌아 봐. 그럼 피곤해서 잠이 잘 오지 않을까? 여하튼 힘 좀 내."

사람들도 한눈에 건강이 안 좋아 보였는지 여기저기서 걱정스런 말들을 전하였다.

"그럼 회의 시작하겠습니다. 모여 주세요. 오늘은 지난주 출장을 다녀온 김대리가 보고할 것이 있답니다."

"네, 제가 지난주 2공장을 돌아보고 온 결과를 말씀드리겠습니다. 한 달 전부터 계속 제기되고…… 있…는 문제가 드…디어… 해결점을…… 쿵!!!"

안색이 점점 안 좋아지던 김걱정 씨는 결국 발표 도중 쓰러지고 말았다. 다행히 사람들이 급히 응급처치를 해서 큰 문제는 발생하지 않았지만, 며칠 집에서 쉬라는 회사의 지시에 따라 김걱정 씨는 일주일간의 휴가를 얻었다.

"이게 다 그놈의 꿈 때문이야. 만날 같은 곳을 가는 것도 싫은데 도대체 뛰기는 왜 뛰는 거야, 정말. 뛰기라도 안 하면 좀 덜 힘들 텐데. 집에서 쉰다고 해도 잠들면 또 꿈을 꿀 테니……. 어휴! 차라리 가족들하고 여행이나 가야겠군."

회사에서 휴가를 얻었지만 집에서 쉬며 그 꿈을 또 꾸니 가족들과 여행을 가야겠다고 결심한 김걱정 씨는 곧장 집으로 가서 가족들에게 이 사실을 알렸다.

"여보, 그리고 딸! 우리 여행 가자! 나 오늘부터 휴가야!"

"오늘 회사에서 쓰러진 사람이 여행은 무슨 여행이에요. 그냥 집에서 맛있는 거 먹으면서 몸이나 챙겨요."

"나도 그럴까 했는데, 그냥 우리끼리 신나게 여행 다녀오는 게 더 좋을 것 같아. 당신도 만날 여행 가자, 여행 가자 노래를 불렀잖아. 그러니까 내가 가자고 할 때 그냥 가자! 응? 응?"

"나도 그러고 싶지만 당신 몸이……. 모르겠다! 그럼 일단 출발해요. 그러다가 혹시 힘들거나 몸이 안 좋아지면 얘기해요. 바로 병원으로 가게."

김걱정 씨의 몸 상태가 걱정이 되어 선뜻 나설 수 없는 여행이었지만, 언제 이런 기회가 있겠냐 싶었던 부인은 바로 짐을 꾸려 딸과 함께 가족 여행에 나섰다. 김걱정 씨 역시 자신의 몸 상태가 걱정되었지만 집에서 그 꿈을 꾸는 것보다는 훨씬 낫겠다는 생각에 오히려 발걸음은 가벼웠다.

"야호~~! 여보, 집에서 나오니까 너무 좋다. 공기도 좋고 바람도 시원하고. 아참, 오다 보니까 저기 밑에 유명한 식당이 있던데 저녁은 거기서 먹자."

"그러게요. 당신 걱정 많이 했는데 이렇게 괜찮은 거 보니 오히려 나오길 잘했다는 생각이 들어요. 당신 쓰러진 게 스트레스 때문이었나 봐요."

"그런가 봐. 이렇게 밖으로 나오니까 쌩쌩하잖아? 하하하하!"

즐거운 가족 여행을 보내고 있는 김걱정 씨 가족. 좋은 곳에 나와 바람을 쐬니 아팠던 몸도 씻은 듯이 낫는 것 같았다. 여기저기 구경하고 다니던 김걱정 씨는 저녁 무렵이 되자 배가 고팠다. 그래서 자신이 산을 오르기 전에 봐 둔 유명한 식당으로 발길을 옮겼다.

"이쪽인 거 같은데, 날이 좀 어두워져서 잘 못 찾겠네. 여보, 어디 이정표 같은 거 있는지 꼼꼼히 둘러봐."

"네, 알았어요. 근데 여보, 이쪽이 아닌 거 같아요. 유명한 식당이 있는 곳이라면 사람들이 많이 지나다닐 텐데, 여기는 너무 한적하고 조용해요. 좀 으스스하네요."

"그러게. 그래도 무슨 일 있겠어? 일단은 좀 더 가 보고 아니면 나와서 다시 돌아보자고."

조금만 더 돌아보자는 생각으로 좀 더 안쪽으로 차를 몰던 김걱정 씨는 갑자기 자신이 꿈에서 봤던 곳과 이곳이 같은 곳이라는 생각이 들었다. 그래서 차를 세워 그곳을 자세히 살펴보기로 했다.

"저 나무, 이 도로…… 꿈에서 본 곳이 분명해! 확실해! 어라, 저기 사람이?"

한적한 도로 위에 사람이 한 명 앉아 있었다. 으스스한 기분이 들었지만 뭔가 해답을 얻을 수 있을 것 같은 생각이 든 김걱정 씨는 발길을 재촉했다. 그곳에선 할머니 한 분이 토끼를 팔고 계셨다. 어느새 차에서 내려 나를 쫓아온 딸아이가 옆에서 토끼를 사

달라며 졸라 대고 있었다.

"아빠, 토끼 사 주세요. 토끼!"

"아이고, 아이가 저렇게 원하는데 한 마리 사 주시구려. 게다가 이 토끼는 좀 다른 토끼라오. 혼자서 새끼를 낳는 토끼요. 이 토끼는 태어난 후 한 달 뒤에는 어른 토끼가 되고, 그 후 한 달 뒤부터 토끼를 한 마리씩 낳게 된다오. 그러니까 일 년 후에는 200마리가 넘는 토끼를 가질 수 있게 될 게요."

"그럼 두 달에 한 마리씩 낳는 거 아닙니까? 할머니도 참, 두 달에 한 마리씩 낳는데 어떻게 일 년 뒤에 200마리가 넘어요?"

자신이 매일 꾸는 이상한 꿈을 해결할 실마리를 찾을 수 있을 거라고 생각했던 김걱정 씨는 오히려 할머니의 말도 안 되는 이야기에 슬슬 화가 나기 시작했다.

"할머니 계속 그렇게 거짓말하시니까 우리 아이가 더 사 달라고 그러잖아요."

"내 말을 믿어 봐요. 정말이라니까! 당신은 일 년 뒤에 수많은 토끼를 가질 수 있을 거예요."

할머니의 계속되는 거짓말에 화가 난 김걱정 씨, 결국 할머니를 사기꾼으로 고소하게 되었다.

앞의 두 수의 합이 그 다음
수가 되는 수열을 피보나치수열이라고 합니다.

여기는 **수학법정**

피보나치수열이란 무엇일까요?
수학법정에서 알아봅시다.

 재판을 시작합니다. 먼저 원고 측 변론하
세요.

 이번 문제는 간단합니다. 토끼 한 마리가
두 달마다 한 마리의 토끼를 낳으니까 두 달 후에는 2마리가
되고, 넉 달 후에는 4마리, 여섯 달 후에는 8마리, 여덟 달 뒤
에는 16마리, 열 달 뒤에는 32마리, 그리고 일 년 뒤에는 64
마리가 됩니다. 그러므로 200마리가 넘는다는 것은 말도 안
됩니다. 이건 명백한 사기입니다.

 피고 측 변론하세요.

 수열연구소의 이피나 박사를 증인으로 요청합니다.

예쁜 재킷을 입은 30대의 여자가 증인석으로 걸어 나
왔다.

 이번 사건에 대해 어떻게 생각하십니까?

 1년 뒤에는 200마리가 넘는다는 게 맞습니다. 아니, 정확히
말해 233마리가 됩니다.

어떻게 그렇게 불어나죠?

아기 토끼를 가지고 온 뒤 한 달이 지나면 이 토끼는 어른 토끼가 됩니다. 그러므로 한 달 후 토끼는 한 마리죠. 두 달 후 어른 토끼가 새끼를 낳습니다. 즉, 두 달 후 토끼는 2마리가 됩니다.

석 달 후에는 어떻게 되죠?

아기 토끼는 어른 토끼가 되고 어른 토끼는 또 한 마리의 아기 토끼를 낳으니까 어른 토끼 2마리와 아기 토끼 한 마리가 되어 3마리가 됩니다.

넉 달 후에는요?

어른 토끼 2마리가 아기 토끼 2마리를 낳고, 아기 토끼는 어른 토끼가 됩니다. 그러니까 어른 토끼는 3마리가 되고, 아기 토끼는 2마리가 되어 토끼는 총 5마리가 됩니다.

다섯 달 후에는 어떻게 되죠?

어른 토끼 3마리가 모두 아기를 낳으니까 아기 토끼가 3마리 태어납니다. 그리고 아기 토끼 2마리는 모두 어른 토끼가 됩니다. 그러니까 어른 토끼는 모두 5마리가 되고, 아기 토끼는 3마리가 되어 모두 8마리가 됩니다. 지금까지의 토끼 수를 정리하면 다음과 같습니다.

1개월 후 : 1

2개월 후 : 2

3개월 후 : 3

4개월 후 : 5

5개월 후 : 8

 어떤 규칙이죠?

 1, 2, 3, 5, 8,…… 이니까 앞의 두 수의 합이 그 다음 수가 되는 규칙이네요. 이런 수열을 피보나치수열이라고 하지요. 이 규칙대로 12개월 후까지 써 보면 다음과 같이 됩니다.

1, 2, 3, 5, 8, 13, 21, 34, 55, 89, 144, 233

 그러니까 12개월 후 토끼의 수는 233마리가 됩니다.

 해결되었군요. 그렇죠, 판사님?

 판결합니다. 이피나 박사의 설명은 완벽했습니다. 그러므로 토끼 장수 할머니는 아무런 사기도 치지 않았다고 판결합니다.

재판 후 많은 사람들이 피보나치수열에 관심을 갖게 되었고, 인터넷에는 피사모(피보나치수열을 사랑하는 사람들의 모임)라는 카페도 만들어졌다.

 피보나치수열

1, 1, 2, 3, 5, 8, ……을 보면 앞의 두 수의 합이 그 다음 수가 된다. 예를 들어 1+1=2이고 1+2=3, 2+3=5, 이런 식이다. 이런 규칙을 가진 수열을 피보나치수열이라고 한다.

계산하지 않아도 풀리는 답

계산기 없이 복잡한 수열 문제를 풀 수 있을까요?

수학시의 평범한 대학생 김태만 군. 군대에서 이제 막 제대한 그에게는 고민이 하나 있었다. 그것은 바로 취직. 대학생이 되면 꼭 해 보리라던 미팅을 너무 열심히 한 나머지 처참해진 1학년 성적, 그리고 대학 생활에 적응하기 시작하면서 이래저래 너무 신나게 놀아 버린 2학년, 그리고 다녀온 군대였다. 복학을 해서 3학년이 되었지만 앞으로 인생을 어떻게 살지 막막해진 김태만 군은 고민에 빠지게 되었다.

"전공 성적이 좋지 못해서 전공을 살릴 순 없을 거야. 거기다가 내가 전공을 별로 재미있어 하지도 않고. 그럼 영어 공부를 해 볼까? 고등학교를 졸업한 이후론 영어 공부를 거의 하지 않아서 걱정이네. 그래도 내가 어렸을 때 수학은 좀 했었는데, 그것도 참 옛날 일이다."

하지만 이런 고민을 하는 건 김태만 군뿐이 아니었다.

"태만아, 나 진짜 걱정이다. 좋은 직장을 잡으려면 도대체 어떻게 해야 하는 거냐?"

"그걸 알면 내가 이러고 있겠냐? 나도 참 걱정이다. 아참, 너는 너희 형 있잖아. 형이 옷도 사 주고 가끔 용돈도 보내 주고 그러는 것 같던데, 너희 형은 괜찮은 직장 구한 거 아니야? 형은 어떻게 취직했대?"

"아~ 우리 형! 우리 형은 수학과 졸업했어. 그래서 수학 자격증 시험 봤잖아. 수학 잘해서 무슨 취직을 하겠냐 싶었는데 은근히 수학이 여기저기 많이 필요한가 보더라고. 형 말로는 하다못해 쪼그만 물건 하나 만드는 데도 수학이 필요하다고 그러더라. 그런데 뭐, 나는 워낙 수학에 약하니까, 형이 나보고도 수학 자격시험 한번 보라고 했는데 책만 봐도 머리가 지끈지끈해서 포기했어."

"수학 자격시험이라……. 그런 것도 있었구나. 난 몰랐어. 그래도 내가 왕년에 수학 좀 했었는데, 나야말로 한번 도전해 볼까? 그거 어렵대?"

"형 말로는 좀 어려웠다고 하더라. 뭐, 어쨌든 파이팅이다."

취업 때문에 걱정이 많았던 김태만 군은 남은 대학 생활 동안 자격증을 따 보는 것도 괜찮겠다고 생각했다. 하지만 수학을 안 한 지도 오래됐고, 군대에 다녀온 직후라 머리가 많이 굳어 있을 것 같아 걱정만 하고 있었다.

"공부 손 놓은 지 꽤 됐는데, 괜히 시간 낭비만 하는 거 아닐까? 그래도 한번 도전해 보는 거야. 안 되면 안 되는 거고, 되면 좋은 거고! 하지만 꼭 돼야 하는데! 왕년의 나를 떠올려 보자. 그때 실력 어디 가겠어?"

그날 바로 인터넷을 통해 수학 자격시험에 대해 알아본 김태만 군은 시험공부를 하기 위해 책을 구입하러 서점으로 향했다. 이 책 저 책 꼼꼼하게 비교하면서 김태만 군은 그 옛날 수학 좋아하던 시절을 떠올렸다.

"그땐 숫자 더하고 빼고, 고민하고 또 고민해서 한 문제 풀던 게 어찌나 재미있었던지. 맞아! 고등학교 2학년 때는 꼬박 하루 걸려 한 문제 풀기도 했었지. 답지 보고 그냥 풀면 될걸. 하지만 그렇게 해서 결국 답이 맞았을 때는 정말 얼마나 기뻤는지……."

이런저런 생각을 하며 책을 구입한 김태만 군은 공부할 생각에 마음이 들떴다.

"이제부터 정말 시작이야! 어렵다는 말 듣고 지레 겁먹지 말고 할 수 있다는 생각으로 끝까지 해 보자. 그럼 뭔가 이룰 수 있을 거야."

다음 날부터 학교 도서관에 자리를 잡은 김태만 군은 무서운 속

도로 공부를 하기 시작했다. 모르는 부분이 나오면 고등학교 때 보던 책까지 꺼내서 공부를 했고, 틀린 문제가 있으면 풀고 또 풀면서 모든 에너지를 쏟아 부었다.

친구들은 갑자기 변한 김태만 군의 모습에 의아해 했지만 김태만 군은 이에 아랑곳하지 않고 남는 시간에는 공식을 외우고, 자기 전엔 그날 배운 것을 머릿속으로 생각하며 복습을 하였다.

"요즘 태만이 무섭게 공부하더라. 너 봤어?"

"전에 내가 우리 형 수학 자격시험에 붙어서 취직했다고 하니까 눈이 초롱초롱해지더라고. 그래서 그냥 그런가 보다 했더니, 그날 바로 인터넷 뒤져서 알아보고 바로 책 사서 공부하기 시작하더라고. 무서운 녀석이야!"

그렇게 친구들을 놀라게 할 만큼 공부를 한 김태만 군에게 드디어 시험 날이 다가왔다. 모든 준비를 마친 김태만 군은 자신감도 약간 생겼다.

"자, 오늘이 드디어 그날이군. 일주일 전 혼자 치렀던 모의고사에서도 좋은 결과가 있었으니 분명 시험에 합격할 수 있을 거야. 파이팅!"

시험장에 들어가 시험 준비를 하는 김태만 군. 드디어 시험이 시작되고, 모든 응시자들이 숨을 죽인 채 시험을 보기 시작했다.

'총 열 문제, 여기서 여덟 문제 이상 맞아야 자격증 시험에 통과하는 거야. 9번까지 풀긴 했는데 두 문제가 의심스러워. 틀릴 것

같은데……. 일단 10번 문제를 보자.'

1!=1, 2!=2×1, 3!=3×2×1, 4!=4×3×2×1이라고 정의한다.
1!+2!+3!+4!+…+100!의 일의 자리 수를 구하여라.

'오케이! 그럼 느낌표가 붙은 숫자는 그 숫자부터 1까지의 모든 수를 곱한다는 이야기이군. 이건 가져온 계산기를 쓰면 되겠어. 시간은 걸리겠지만 앞에 푼 두 문제가 불안하니까 이 문제는 꼭 맞아야 해.'

김태만 군이 마지막 문제를 풀기 위해 계산기를 꺼내는 순간 그를 막는 손이 하나 있었다. 그것은 바로 감독관. 이 문제의 특성상 계산기를 쓸 수 없다고 말하면서 계산기를 가져가 버린 것이다. 어쩔 수 없이 일일이 숫자를 곱하다가 시험 시간을 초과하여 마지막 문제의 답을 적지 못했다. 그리고 엎친 데 덮친 격으로 자신이 불안하다고 생각했던 두 문제마저 틀려 버려 자격증 시험에 낙방하고 말았다. 속상하고 억울한 마음에 김태만 군은 계산기를 빼앗아간 감독관을 수학법정에 고소하였다.

1!+2!+3!+4!+…+100!의 일의 자리를 구하는 문제에서
5! 이후의 값은 일의 자리가 모두 0입니다.

감독관이 계산기를 빼앗아 간 이유는
무엇일까요?
수학법정에서 알아봅시다.

재판을 시작하겠습니다. 원고는 자격증 시
험에서 떨어진 이유가 계산기를 빼앗아 간
감독관 때문이라고 주장하고 있습니다. 시
험에 떨어진 원인이 계산기 때문인가요? 원고 측 변론을 들
어 보겠습니다.

자격시험에 합격하기 위해서는 열 문제 중 여덟 문제를 통과
해야 합니다. 원고가 마지막 문제를 맞았다면 충분히 시험에
합격할 수 있었을 겁니다. 하지만 감독관이 계산기를 빼앗아
가는 바람에 계산하는 데 시간이 부족하여 결국 문제를 제대
로 풀지 못해 시험에서 떨어진 것입니다.

계산기가 있었다면 시험에 떨어지지 않았을 거라는 주장이군
요. 계산기가 필요할 만큼 계산이 엄청 복잡했나요?

$1! + 2! + 3! + 4! + \cdots + 100!$ 이런 문제를 계산하는 데 계
산기는 필수입니다. 물론 직접 계산할 수도 있겠지만 계산기
없이 푼다면 이 한 문제에 하루 종일 시간을 투자해야 할지도
모릅니다.

원고 측에서는 마지막 문제가 계산기 없이는 풀 수 없는 문제

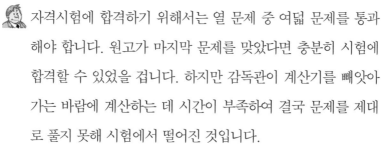

라고 합니다. 그렇다면 시험 시간 내에 어떻게 문제를 풀 수
있을까요? 계산기를 빼앗아 간 감독관에게 책임이 있다고 볼
수 있는지 피고 측의 주장을 들어 보겠습니다.

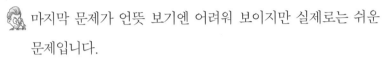 마지막 문제가 언뜻 보기엔 어려워 보이지만 실제로는 쉬운
문제입니다.

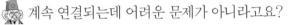 계속 연결되는데 어려운 문제가 아니라고요?

마지막 문제를 살펴보면 정확한 계산 값을 요구하는 것이 아니라, 일
의 자리 수를 찾는 문제입니다. 그러므로 일의 자리 값만 고
려하면 됩니다.

일의 자리 값을 구하더라도 계산을 마쳐야 알 수 있는 것 아
닙니까? 아니면 다른 방법이 있습니까?

마지막 문제의 답을 밝혀 줄 펙토리알 연구소의 한누네 박사
님을 증인으로 모시고 답을 구해 보겠습니다.

증인은 증인석으로 나와 주십시오.

긴 원피스를 입은 50대 초반의 여성은 법정에 들
어와 왼쪽부터 오른쪽까지 한 번 쭉 훑어보고는 증
인석에 앉았다.

원고가 마지막 문제의 답을 구하지 못한 이유가 계산기가 없
었기 때문이라고 할 수 있습니까?

아닙니다. 이 문제는 계산기 없이도 구할 수 있습니다. 감독
관이 계산기를 빼앗아 간 이유도 계산기가 필요 없다고 판단
했기 때문일 것입니다.

단순한 문제는 아닌 것 같은데, 계산기 없이 어떻게 구할 수
있습니까?

사실, 이 문제가 단순하다고 볼 수 없다는 얘기도 틀린 말은 아
닙니다. 하지만 일의 자리 값만 구하면 되기 때문에 조금만 생
각하면 쉽게 답을 얻을 수 있습니다. 문제를 풀어 봅시다.
'$1! = 1$, $2! = 2 \times 1$, $3! = 3 \times 2 \times 1$, $4! = 4 \times 3 \times 2 \times 1$이라고
정의한다' 라고 되어 있는데, 이렇게 느낌표 '$!$'를 붙인 것은 1
부터 그 숫자까지 모두 곱한 값을 의미합니다. 따라서
$1! + 2! + 3! + 4! + \cdots + 100!$의 값은 복잡해 보이지요. 하지
만 의외로 간단하게 구할 수 있습니다. $1! = 1$, $2! = 2$, $3! = 6$,
$4! = 24$입니다. 5!부터는 값을 계산하지 않아도 됩니다.

계산하지 않아도 된다는 것은 무슨 말씀이신가요?

5!를 계산하면 $5! = 1 \times 2 \times 3 \times 4 \times 5$이므로 결국 이 값 안에
는 10의 값이 들어 있음을 알 수 있습니다. 즉 일의 자리 값
은 0이라는 것이지요. $6! = 1 \times 2 \times 3 \times 4 \times 5 \times 6$의 값 안에도
10의 값이 들어 있는 것과 같아 일의 자리 값은 0입니다. 이
와 같이 그 후의 값들은 100!까지 모두 일의 자리 값이 0
입니다.

그럼 일의 자리 값은 4! 값까지만 알면 되는 건가요?

 그렇습니다. $1! + 2! + 3! + 4! = 1 + 2 + 6 + 24 = 33$입니다. 따라서 일의 자리 값은 3이라는 것을 알 수 있습니다. 이 정도의 계산을 계산기가 없어서 구하지 못했다고는 할 수 없겠지요.

 지금까지 증인의 설명대로 5! 이후의 값은 일의 자리 값이 모두 0이므로 5! 이후의 값은 계산하지 않아도 일의 자리 값을 알 수 있습니다.

따라서 우리가 구하는 문제의 일의 자리 값은 4!까지의 합만 구해도 충분히 알 수 있는 문제였습니다. 4!까지의 합은 33이므로 일의 자리 값은 3입니다.

 이 문제는 풀이를 하지 않아도 되는 문제군요. 즉 풀어 보지 않아도 답을 알 수 있는 문제라는 말입니다.

이 문제는 4! 값까지의 합으로도 충분히 일의 자리 값을 알 수 있으며, 증인의 설명으로 일의 자리 값이 3이라는 게 증명되었습니다.

따라서 원고가 주장하듯이 감독관이 계산기를 빼앗은 것이 원고가 합격을 하지 못한 이유라고 볼 수 없습니다. 그러므로 원고의 주장을 기각하겠습니다. 이상으로 재판을 마치도록

일의 자리의 규칙

3의 일의 자리는 3, 3^2의 일의 자리는 9, 3^3의 일의 자리는 7, 3^4의 일의 자리는 1, 3^5의 일의 자리는 3, 3^6의 일의 자리는 9이다. 즉 3의 거듭제곱의 일의 자리 수는 3, 9, 7, 1이 반복되어 나타난다.

하겠습니다.

재판 후 많은 수학 시험에서 계산기를 사용하는 것이 금지되었다.

경품을 둘러싼 수열의 음모

박뽑기 씨가 응모한 퀴즈의 답은 정말 없는 걸까요?

두 아이를 두고 있는 주부, 박뽑기 씨의 특기는 경품 응모, 취미는 경품 받은 상품 정리하기이다. 이미 집 창고는 경품 응모에서 받은 상품으로 한가득, 백화점이 따로 없다. 그녀의 하루는 경품으로 시작해서 경품으로 끝난다. 아침을 준비하는 시간에는 오늘 하루 무슨 경품에 응모할까 고민하고, 점심시간엔 라디오 방송국에 전화를 걸어 장기자랑에 참가한다. 노래는 물론이거니와 개인기까지 두루 갖춘 그녀에게 라디오 방송국 전화 연결 성공은 이미 상품 획득을 의미한다.

그렇게 해서 받은 상품도 여러 개, 이제 전화가 연결되어 이름만

들어도 그녀인 줄 아는 방송국 사람들은 더 이상 선물을 줄 수 없다며 다른 분들에게 기회를 넘기라는 말까지 한다. 그리고 오후 3시쯤 되면 어김없이 찾아오는 한 사람! 바로 택배 아저씨이다. 거의 매일, 아니 하루에 두세 번씩 그녀를 찾아오는 택배 아저씨가 들고 오는 건 다름 아닌 경품들이다. 슬슬 경품을 정리하고 나면 저녁시간에는 인터넷으로 응모를 시작한다. 여기저기 무료 샘플을 주는 곳부터 시작하여 퀴즈, 게임 등에 참여하는 것이다.

이 때문에 아이들의 점심을 깜박한 적도 여러 번 있고, 경품에 정신이 팔려 실수를 한 적도 여러 번이지만, 그녀의 투철한 주부 정신은 경품으로 모든 걸 해결하려는 정신으로 바뀌게 되었다.

그날도 여느 때와 다름없이 경품에 응모하던 박봅기 씨, 그녀의 레이더망에 걸려든 대박 소식! 바로 수학 전문 방송국의 개국이다. 그리고 개국 기념으로 이루어지는 퀴즈 행사! 마침 아이들이 볼 동화책이 필요하던 때라 개국 기념 퀴즈 대회 1등 상이 동화책 전집이라는 소리에 눈이 번쩍 뜨인 박봅기 씨는 계획을 세우기 시작했다.

"이제 막 생긴 방송국이라 보는 사람이 별로 없을 테니 경품을 타는 데 승산이 있겠어! 거기다 이번엔 아이들에게 꼭 필요한 상품이니 기필코 1등을 해야지. 자, 보자! 일단은 응모 방법이 ARS라, 이거 조금 어렵겠군. 하지만 그렇다고 물러설 내가 아니지. 준비를 철저히 해야겠군."

개국 기념 퀴즈 대회는 이틀 뒤 개국 행사를 하면서 자막으로 이루어지기 때문에 박봅기 씨에게는 약간의 시간이 있었다. 자신에게 필요하다고 생각한 경품을 한 번도 놓친 적 없는 박봅기 씨에게는 그녀만의 비결이 있었다.

동네 마트에서 매일 선착순 2명에게 헤어드라이어를 준다는 소식에, 마침 헤어드라이어가 고장 난 박봅기 씨는 행사 전날 저녁까지 달리기 연습을 하고 남편과 함께 사람들 사이를 뚫고 들어가 원하는 물건을 가져오는 연습을 하였다. 피나는 연습 결과 그녀는 헤어드라이어를 가질 수 있었다. 경품을 그저 운이라고만 생각하지 않고 그것을 쟁취하기 위해 모든 노력을 다하는 것! 그것이 바로 그녀가 경품 왕이 된 비결이었다.

"이틀 남았으니 나의 모든 반응을 ARS의 방식에 맞춰야겠군. 일단은 전화번호를 정확하고 빠르게 누르는 연습을 해야겠어. 그리고 복잡한 계산이 나올지도 모르니 계산기 사용법 역시 손에 익혀 두고. 아참, 어려운 응용 문제가 나올 수도 있으니까 고등학교 때 봤던 수학 교과서의 문제를 풀며 머리를 적응시켜 놔야겠어. 자, 이렇게만 하면 경품은 나의 것! 하하하!"

이렇게 박봅기 씨의 모든 준비가 끝날 무렵 드디어 개국 방송이 시작되었다.

"조금만 기다리면 자막으로 퀴즈가 나오겠군. 아~ 약간 긴장되네."

온몸의 감각을 텔레비전의 맨 밑 부분, 자막이 지나갈 곳에 모아 뚫어져라 보고 있던 박봅기 씨에게 드디어 결정의 순간이 다가왔다.

다음 수열을 자세히 보고 1, 1, 2, 4, 7, 13, 24, …… 다음 수를 맞히시오.

"으아아악!!!!"

박봅기 씨는 공황 상태가 되었다. 자신이 만반의 준비를 한 모든 것이 물거품이 되었기 때문이다. 자신이 예상했던 복잡한 계산 문제도, 어려운 응용 문제도 아니었다. 하지만 여기서 포기할 그녀가 아니었다. 일단은 침착하게 문제를 받아 적었다.

"물론, 답을 빨리 구하는 것도 중요해. 하지만 일단은 문제를 보고 충분히 고민한 뒤에 정확한 답을 누르도록 하자. 그래야지 1등이 안 되면 다른 거라도 탈 수 있을 거 아냐? 괜히 당황해서 틀린 답 눌러 아무것도 못 받고 전화비만 날리는 짓은 하지 말자. 1, 1, 2, 4, 7, 13, 24, …… 라. 도대체 이게 뭘까. 이게 뭐지?"

잠시 동안 고민하던 그녀는 결단을 내렸다.

"지금 가장 확실한 건, 내가 이 문제를 풀 수 없다는 거야. 일단은 수화기를 들고 아무거나 누르자. 그러면 혹시 맞을 수도 있겠지. 그래! 문제를 못 푼다고 포기할 순 없어!"

수화기를 들고 머릿속에 떠오르는 대로 무조건 버튼을 누른 박뽑기 씨. 자신이 아무 답이나 누르고 있는 동안 텔레비전에선 개국 축하 방송이 점점 끝나 가고 있었다. 개국 축하 방송 마지막에 당첨자를 발표한다고 했기 때문에 그녀는 점점 초조해졌다. 급기야 집안의 모든 휴대폰까지 동원해서 응모한 박뽑기 씨. 방송이 끝나고 드디어 당첨자 발표 시간이 다가왔다.

"자, 그럼 1등 당첨자부터 발표하겠습니다. 두두두! 아, 이게 웬일입니까! 정답자가 없답니다. 문제가 조금 어려웠나요? 어쩔 수 없군요. 그럼 개국 축하 방송 여기서 마치겠습니다."

"엥? 이게 뭐야! 내가 그동안 쏟았던 수고와 전화비는 뭐가 되는 거야? 이거 좀 이상해. 내가 아무리 고민을 해 봐도 답을 알 수 없는 걸 보면 아무래도 답이 없는 문제가 아닐까? 방송국에서도 경품을 주기 아까우니까 답이 없는 문제를 만들어 낸 거고. 그렇지 않으면 마지막에 답이라도 알려줬어야 하는데, 부랴부랴 방송을 끝낸 것도 이상해. 이건 분명 사기야!"

결국 박뽑기 씨는 방송국을 사기죄로 고소했다.

규칙을 찾으면 복잡한 수열 문제도
쉽게 해결할 수 있습니다.

ARS 문제의 정답은 무엇일까요?
수학법정에서 알아봅시다.

 재판을 시작하겠습니다. ARS 문제가 어려웠나요? 아니면, 답이 없는 문제였던 걸까요? 아무도 맞히지 못한 ARS 문제의 답을 알아보도록 하겠습니다. 먼저 원고 측 변론을 들어보겠습니다.

 ARS 문제는 방송을 통해 시청자들의 답을 모으는 것입니다. 전국적으로 방송되기 때문에 ARS 문제에 답을 보내는 사람들은 엄청난 수에 달합니다. 그런데 전국의 시청자 중에 이 문제의 답을 맞힌 사람이 한 사람도 없다는 것은 정말 신기할 정도입니다. 분명 문제에 오류가 있거나 답이 없는 문제일 것입니다.

 문제가 어려웠기 때문이라고 볼 수는 없을까요? 문제의 답이 없다고 판단한 원고 측의 주장이 옳다고 할 수 있습니까? 피고 측의 주장을 들어 보겠습니다.

 방송국에서 출제한 문제입니다. 몇 번의 검토를 거쳐서 낸 문제에 오류가 있거나 답이 없다면 방송 사고라고 할 수 있지요. 분명 ARS 문제는 풀 수 있는 문제입니다.

 문제의 해답은 무엇이며, 풀이 과정은 어떻게 되나요?

 문제 풀이를 위해 규칙성찾기학회의 한정렬 박사님을 증인으로 모시겠습니다. 증인 요청을 받아들여 주십시오.

 증인 요청을 받아들이겠습니다.

각진 안경을 쓰고 주름이 반듯하게 잡힌 정장을 입은 50대 중반의 남성이 예리한 눈매에 힘을 주고 증인석에 앉았다.

 수학 방송국 자막에 나온 ARS 문제는 답이 있는 문제인가요?

 물론입니다. 제가 보기엔 조금만 고민하면 문제의 답을 찾을 수 있을 것 같은데요.

 문제가 수열인 것으로 보아 규칙성을 가지는 듯합니다.

 그렇습니다. 주어진 문제는 1, 1, 2, 4, 7, 13, 24, ……이며 24 다음의 수를 구하는 것인데요. 이 문제는 아주 간단하게 해결할 수 있겠군요.

 정답자가 한 명도 나오지 않았는데, 어떻게 간단히 해결할 수 있다는 건가요?

 피고 측 변호사님도 제 설명을 들으면 아주 쉽게 이해하실 수 있을 겁니다. 어떻게 보면 이런 문제는 쉽게 풀 수 있고, 경품도 탈 수 있는 문제인데, 안타깝군요. ARS 문제가 출제될 때

제가 방송을 보고 있었다면 유일하게 저 혼자 경품을 탈 수 있었겠군요. 하하하!

그건 그렇고, 이 문제의 해답을 알려드리지요. 수의 순서를 잘 보십시오. 각 숫자는 그 숫자 앞의 세 숫자를 합한 값입니다. 즉 네 번째 있는 4라는 숫자는 그 앞의 1, 1, 2를 합한 값이고, 7이라는 숫자는 1, 2, 4를 합한 것입니다. 그리고 13도 2, 4, 7을 합해서 나온 숫자지요.

 그 뒤의 24도 같은 방법으로 2, 7, 13을 합한 수군요.

 네. 아주 쉽지요? 그렇다면 ARS의 해답인 24 뒤의 숫자는 7, 13, 24를 합한 수입니다. 따라서 답은 7 + 13 + 24 = 44입니다. 모든 것이 생각하기 나름인 것 같습니다. 쉽다고 생각하면 아주 쉽게 이해되고, 어렵다고 생각하면 쉬운 문제도 한두 번 꼬인 것 같아 어렵게 느껴지는 겁니다.

 증인은 아주 쉽게 해답을 찾은 것 같지만, 누구나 생각하지 못한 것을 생각해 낸 것에 박수를 보냅니다. 다른 사람이 답을 말해 주면 쉽게 이해할 수 있지만, 그 해답을 찾아내기는 결코 쉬운 일이 아닐 것입니다. 어쨌든 ARS 문제의 정답은 44라는 게 증명되었습니다.

 문제에 해답이 없다고 판단하는 것은 자신이 답을 찾지 못한 것에 대한 핑계를 찾고 싶은 마음에서 우러나온 게 아닐까 합니다. 어떤 일이든 최선을 다해 보고 답이 있는지 없는지 판

단하는 것이 좋을 것 같습니다.

이 문제는 각 수 앞에 있는 세 수의 합을 구한다는 것을 안다면 쉽게 풀 수 있는 문제로서, ARS의 정답은 44라는 것을 인정합니다. 따라서 문제의 답을 맞히지 못한 것은 문제에 이상이 있기 때문이 아니라 정답을 맞히지 못한 시청자들의 닫힌 생각 때문이라고 할 수 있겠군요. 답은 의외로 쉽고 간단하게 해결될 수 있었습니다. 앞으로 생각의 폭을 넓히도록 해야겠습니다. 이상으로 재판을 마치겠습니다.

 등비급수의 합

두께가 0.1mm인 신문을 50번 접었을 때의 두께는 한 장의 두께인 0.1mm에 2^{50}을 곱한 수이다. 이 수를 km로 나타내면 112590000km이다. 이것은 지구와 태양 사이 거리의 3분의 1 정도이다.

정보국 요원의 실수

$\frac{4}{7}$ 를 소수로 고쳤을 때 178번째 자리의 수에 3을 더한 값은 무엇일까요?

국가 정보국 요원. 최고의 지성과 두뇌, 체력을 가진 사람만이 들어갈 수 있는 곳이다.

지난 달 가치를 환산할 수 없는 국가 최고의 과학 기술을 다른 나라에 팔아넘기려는 현장을 검거한 이후 나라에서 인정을 받아 인력을 대대적으로 충원 중이다.

이치밀 씨는 대학 시절부터 정보국 요원을 꿈꾸며 4년을 준비해 왔다. 고등학교 시절 우연히 정보국 요원을 소재로 한 드라마를 보게 되면서 정보국 요원을 꿈꿨던 이치밀 씨는 4년간의 준비를 마치고 드디어 올해 입사 시험을 보게 되었다. 4년 동안 꼼꼼하게 준비했던 만큼 좋은 결과가 있을 거라고 믿은 이치밀 씨는 1차 필기시험, 2차 논술고사, 3차 토론을 통해 당당히 입사하게 되었다.

'와! 정말 내가 정보국 요원이 되다니! 4년 동안 이 순간을 상상하며 힘들 때마다 나를 바로잡곤 했는데……. 그때의 힘들었던 기억들이 지금의 나를 만들었다는 걸 잊지 말고 더욱 열심히 해서 나라에서 인정받는 정보국 요원이 되도록 하자.'

"반갑다. 나는 앞으로 3개월간 너희들을 교육시킬 사람이다. 한참 입사의 기쁨을 누리고 있을 때지만 빨리 자신을 추스르고 정보국 요원이 되기 위한 준비를 하기 바란다. 이상!"

입사의 기쁨도 잠시, 다음주부터 3개월간 정보국 요원 교육을 받게 되었다. 이 교육은 힘들고 고통스러운 것으로 악명이 높다. 대부분의 낙오자들이 발생하게 되는 과정이기도 하지만, 이 시간만 버텨 내면 드디어 정식 정보국 요원이 되기 때문에 이치밀 씨는 더욱더 마음을 다잡았다.

예상대로 교육 기간 동안 받는 수업은 대단했다. 텔레비전와 영화에서나 보았던 혹독한 훈련들을 치르며 극한의 상황에서도 문제를 정확하고 빠르게 해결하는 능력들을 길렀다. 이치밀 씨 역시 점점 약해지는 체력을 느끼며 지쳐 가고 있었지만, 3개월 후 달라진 자신의 모습을 상상하며 열심히 수업에 임했다.

"자, 드디어 3개월간의 혹독한 수업이 끝났다. 여기까지 오는 동안 몇몇 동료들은 낙오하고, 몇몇은 살아남았고, 또 몇몇은 우수한

성적을 보여 주었다. 하지만 중요한 것은 너희들 모두가 대단한 일을 해냈다는 것이다. 앞으로 너희들이 실전에서 맡게 될 임무는 더욱 어렵고 위험하겠지만 힘든 교육 과정을 수료한 지금의 너희 모습을 기억하며 더욱 훌륭한 요원이 되어 주길 바란다. 이상!"

"야호!!!"

정식으로 정보국 요원이 된 기쁨에 들뜬 환호성이 여기저기서 터져 나왔다. 하지만 진짜 전쟁은 지금부터였다. 각자 알맞은 부서에 배치되면서 실제 임무에 투입되는 것이다. 이치밀 씨 역시 자신의 능력을 고려한 부서에 배치되었다. 처음에는 작은 임무부터 시작하여 차근차근 자신의 경력을 쌓고 있던 이치밀 씨에게 5개월이 지난 뒤, 드디어 본격적인 임무가 맡겨졌다.

자신의 첫 임무인 만큼 완벽하게 처리하고 싶었던 이치밀 씨는 욕심이 앞선 나머지 오히려 첫 임무를 실패하고 말았다. 예전부터 문제가 되었던 운동신경 때문이었다. 이 때문에 이치밀 씨는 징계를 받아야 했다. 하지만 수학적인 암호 해독 분야에서는 따라올 자가 없는 이치밀 씨였기 때문에 정보국에서는 그에게 보조요원을 붙여 주었다.

전 국가대표 운동선수로, 별명이 불곰이었던 보조요원은 지식을 필요로 하는 부분에서는 다소 약한 모습을 보였지만, 운동신경 하나만큼은 최고였기 때문에 이치밀 씨에겐 최고의 파트너였다.

"0457요원, 새로운 임무가 주어졌습니다. 내일 외국의 스파이가 정보를 빼내기 위해 우리나라에 잠입한다는 소식이 입수되었습니다. 스파이를 유인해 그를 체포하고 정보가 다른 나라로 유출되지 않도록 하십시오."

첫 임무에서 실패한 이치밀 씨였던 만큼 두 번째 임무는 꼭 성공하고 싶었다. 그동안 불곰과의 호흡도 제법 좋아졌기 때문에 희망을 갖고 있었다. 이치밀 씨는 그날 저녁 바로 임무에 투입되었다. 경계가 삼엄해진 것을 눈치 챈 스파이가 좀 더 빨리 작전에 착수한 것이다.

"여기는 0457, 불곰 대답하라. 지금 통신 상태 양호한가?"

"네, 양호합니다."

"그럼 긴장을 늦추지 말고, 스파이들에게 매운맛을 보여 주자!"

삐-. 그때 갑자기 들려온 소리, 바로 자신의 통신을 스파이들이 도청하고 있다는 신호였다. 이번 임무만큼은 성공으로 이끌고 싶었던 이치밀 씨 얼굴에 당황한 빛이 역력했다.

기밀 정보가 있는 곳에 점점 가까워지는 스파이. 스파이를 체포하는 데 있어서 불곰의 도움이 필요했던 이치밀 씨는 도청 당하고 있는 이 상황에서 불곰에게 몇 번 통로로 와야 할지 어떻게 알릴 것인가를 고민했다.

'이러면 되겠군.'

"여기는 0457, 대답하라. $\frac{4}{7}$를 소수로 고쳤을 때 소수 178번째 자리의 수에 3을 더한 값의 통로로 와라."

이치밀 씨는 불곰이 금방 풀 수 있을까 걱정했지만 정보국 요원이니 그 정도의 문제는 쉽게 풀 수 있을 것이라고 생각했다. 혹시라도 쉬운 암호를 말하면 스파이들이 눈치 챌 수도 있기 때문이었다.

'아, 이런! 도대체 178번째 자리를 어떻게 구하지? 이런……."

하지만 이치밀 씨의 예상과는 달리 불곰은 스파이들이 기밀 정보를 다 빼낼 때까지 문제를 풀지 못했고, 결국 임무는 실패로 돌아갔다. 연속해서 두 번이나 중요한 임무를 실패한 이치밀 씨는 결국 정보국 요원 자격을 박탈당했다. 4년이나 꿈꿔 왔던 정보국 요원 자리를 하루아침에 잃게 된 이치밀 씨는 이게 모두 불곰 탓이라고 생각했다. 결국 이치밀 씨는 불곰을 수학법정에 고소했다.

소수점 이하의 값이 계속 반복되는 것을
순환소수라고 합니다.

$\frac{4}{7}$ 를 소수로 고쳤을 때 178번째 자리의 수는 무엇일까요?

수학법정에서 알아봅시다.

 재판을 시작하겠습니다. 스파이가 알 수 없도록 하기 위해 이치밀 씨는 불곰에게 암호를 전달하는 데 문제를 이용했지만, 결국 문제의 답을 알지 못해 스파이를 막지 못했습니다. 이치밀 씨가 제시한 문제에 어떤 난해한 점이 있었는지 알아보도록 하겠습니다. 피고 측 변론을 들어 보겠습니다.

 원고인 이치밀 씨의 문제는 너무 어려워서 암호라고 하기에는 부적합한 문제입니다. 어느 세월에 $\frac{4}{7}$ 를 계산하여 소수 178번째 숫자를 알아낸다는 겁니까? 분수를 계산하는 데 하루 종일 시간을 투자할 수는 없습니다. 이치밀 씨의 암호를 푸는 데는 너무 많은 시간이 필요하기 때문에 스파이가 침투하는 짧은 시간에 피고가 문제의 답을 알아내지 못한 것은 당연합니다. 원고가 낸 암호 문제가 너무 어려웠으므로 이 사건의 책임은 원고에게 있다고 주장하는 바입니다.

 원고의 문제가 그리 쉽게 생각되지 않는 것은 사실입니다. 분수 계산을 했을 때 소수 178번째 값을 짧은 시간 안에 찾기가 힘들지 않았을까요? 어떻게 이런 문제를 낼 생각을 했는지

원고 측의 변론을 들어 보겠습니다.

원고가 피고에게 낸 문제를 푸는 데는 그리 많은 시간이 걸리지 않습니다.

178번째 소수를 구하려면 한참 동안 계산해야 하지 않을까요? 어떻게 간단히 해결할 수 있다는 것인지 설명해 주십시오.

$\frac{4}{7}$ 를 계산하는 과정을 통해 쉽게 답을 알 수 있는 방법에 대해 설명해 드리겠습니다. 계산 과정을 설명해 주실 증인을 모셨습니다. 나눗셈협회의 나누어 회장님을 증인으로 요청합니다.

증인 요청을 받아들이겠습니다.

어떤 물건이든지 나누기를 좋아하는 50대 중반의 남성은 가방과 돈, 심지어 머리까지 반씩, 혹은 3:7 정도로 나눈 상태였다. 그가 증인석에 앉았을 때 그의 머리는 2:8로 나뉘어 있었다.

원고가 낸 암호를 푸는 데는 얼마나 많은 시간이 걸립니까?

보통의 경우 분수를 나누어 178번째 값을 얻기 위해서는 오랜 시간이 소요될 수 있습니다. 하지만 분수의 값에 따라 조금씩 다를 수 있지요. 원고가 피고에게 낸 문제 $\frac{4}{7}$ 를 계산해 보면 의외로 쉽게 답을 찾을 수 있습니다.

답을 쉽게 찾을 수 있다고요? $\frac{4}{7}$를 계산해 봅시다.

$\frac{4}{7}$를 계산하면 0.571428571428…이라는 수를 얻을 수 있습니다. 자세히 보면 소수점 이하의 값 571428이라는 숫자가 계속 반복되는 것을 알 수 있습니다. 이 값이 계속 반복된다면 178번째 숫자를 알아내는 것은 그리 힘든 일이 아닙니다.

571428은 총 6개의 숫자군요.

그렇습니다. 6개의 숫자가 반복되므로 178을 6으로 나누면 몫 29와 나머지 4를 얻을 수 있습니다. 따라서 6개의 숫자 중 4번째 숫자가 178번째 값임을 알 수 있습니다. 결국 571428의 4번째 숫자는 4가 됩니다.

원고는 $\frac{4}{7}$를 소수로 바꾸었을 때 178번째 숫자에 3을 더한 통로로 오라는 암호를 보냈으므로, 4에 3을 더한 7번 통로로 오라는 말이었군요.

그렇습니다. 만약 불곰이 조금만 신경을 써서 문제를 풀었더라면 소수점 이하의 숫자가 반복된다는 것을 쉽게 알 수 있었을 테고, 178번째 값이 4라는 것도 알아낼 수 있었을 겁니다. 이 암호의 정답은 4에 3을 더한 7번 통로를 의미하는 것이었죠.

원고의 문제가 어렵다고 생각했지만 간단하게 해결되었습니다. 암호를 푸는 데 몇 분 걸리지 않는다는 것도 알 수 있었습니다. 피고는 원고의 문제를 간단히 해결하여 암호를 풀 수

있었음에도 불구하고 문제를 풀려고 노력하지 않았습니다. 따라서 피고에게 스파이를 막지 못한 책임이 있다고 주장하는 바입니다.

스파이가 암호를 쉽게 알아내지 못하도록 원고가 생각한 방법은 좋은 의도를 가지고 있었습니다. 하지만 그 문제가 피고에게는 쉬운 문제가 아니었던 모양이군요. 원고가 낸 문제는 간단히 해결되는 문제로서 결코 어려운 문제가 아닌데, 피고가 풀지 못한 것은 피고의 노력이 부족했던 것이라 생각됩니다. 따라서 원고인 이치밀 씨가 해고된 것은 부당한 처사라고 판결합니다.

재판 후 이치밀 씨는 복직되었다. 그리고 이치밀 씨는 자신이 열심히 수학을 가르칠 테니 불곰도 해고하지 말아 달라고 사정했다. 그 후 불곰과 이치밀 씨는 수열 공부에 빠지게 되었다.

 순환소수의 정의

분수로 나타낼 수 있는 수를 유리수라고 하는데, 유리수는 유한소수와 순환하는 무한소수로 이루어진다. 더 이상 약분할 수 없는 분수를 기약분수라고 하는데, 이때 분모가 2와 5의 곱으로만 이루어져 있으면 유한소수이고, 그렇지 않으면 순환하는 무한소수이다.

계차수열

다음 수열을 봅시다.

1, 2, 4, 7, …

이 수열의 다섯 번째 수는 무엇일까요? 차근차근 규칙을 찾아봅시다. 이웃하는 수의 차이를 구해 봅시다. 다음과 같습니다.

(두 번째 수) - (첫 번째 수) = 2 - 1 = 1
(세 번째 수) - (두 번째 수) = 4 - 2 = 2
(네 번째 수) - (세 번째 수) = 7 - 4 = 3

규칙이 보이죠? 그러니까 이웃하는 항의 차이가 1, 2, 3, ……으로 변하는 규칙을 가지고 있습니다. 이렇게 이웃 항의 차가 수열을 이룰 수도 있습니다.

이제 규칙을 발견했습니다. 그러니까 다섯 번째 수는 네 번째 수에 4를 더한 수입니다. 네 번째 수는 7이므로 다섯 번째 수는 7 +

4 = 11이 됩니다.

이 규칙에 맞춰 몇 개의 항을 더 써 보면 다음과 같습니다.

분수수열

다음 수열을 봅시다.

$$1, \frac{1}{2}, 1, \frac{1}{3}, \frac{2}{3}, 1, \frac{1}{4}, \frac{2}{4}, \frac{3}{4}, 1, \frac{1}{5}, \Box, \cdots$$

이 수열에서 □ 안에 들어갈 수는 무엇일까요? 규칙을 찾아봐야 겠군요.

주어진 수열은 다음과 같이 쓸 수 있습니다.

1. $\dfrac{1}{2}$, $\dfrac{2}{2}$, $\dfrac{1}{3}$, $\dfrac{2}{3}$, $\dfrac{3}{3}$, $\dfrac{1}{4}$, $\dfrac{2}{4}$, $\dfrac{3}{4}$, $\dfrac{4}{4}$, $\dfrac{1}{5}$, $\square$, …

어랏! 규칙이 보이는군요. 분모가 같은 것끼리 괄호로 묶어 보죠.

(1), $\left(\dfrac{1}{2}, \dfrac{2}{2}\right)$, $\left(\dfrac{1}{3}, \dfrac{2}{3}, \dfrac{3}{3}\right)$, $\left(\dfrac{1}{4}, \dfrac{2}{4}, \dfrac{3}{4}, \dfrac{4}{4}\right)$, $\dfrac{1}{5}$, $\square$, …

아하! 그러니까 $\square$ 에 알맞은 수는 $\dfrac{2}{5}$ 가 되겠군요. 이렇게 그룹으로 묶으면 규칙이 보이는 것도 수열입니다.

제3장

무한 수열에 관한 사건

무한수열의 합- 수학 신데렐라

진동하는 수열- 수학 울렁증

무한등비수열의 합- 1의 비밀

무한등비수열의 합- 라이벌 수학자의 무한 대결

무한등비수열의 합- 전체의 반의 반, 또 반의 반……

무한수열의 합- 아버지가 남긴 유언의 비밀

신기한 수열- 하노이의 탑

여러 가지 수열- 제곱수를 더하고 빼고

수학 신데렐라

나성실 학생은 수학토론대회의 장학금을 가져갈 수 있을까요?

고등학교 2학년인 나성실은 학교에서 알아주는 모 범생이다. 공부는 물론, 어려운 친구를 도울 일이 생기면 항상 먼저 손을 내밀 줄 아는 나성실은 친 구들 사이에서도 인기가 좋다. 하지만 나성실에게도 남모르는 비 밀이 하나 있었으니, 아버지가 편찮으신 것이었다.

"엄마, 학원비 내는 날이에요."

"이걸 어쩌니! 학원에 한 일주일만 늦게 내면 안 되겠냐고 물어 봐 줄래? 지금은 학원비 낼 돈이 없구나. 미안하다!"

"괜찮아요. 제가 원장선생님께 부탁드려 볼게요. 엄마, 너무 걱정하지 마세요."

편찮으신 아버지 때문에 항상 큰돈을 써야 했기 때문에 나성실은 부모님과 동생들을 배려해 자신의 용돈을 조금만 가져갔다. 하지만 이런 나성실의 노력에도 불구하고 올해 초부터 건강이 더욱 나빠지신 아버지가 입원을 하시게 되면서 집안 사정은 더욱 어려워졌고, 나성실은 학교에 납부해야 할 돈까지 못 내고 말았다. 하지만 불행 중 다행으로 착하게 살았던 나성실에게 가장 어려운 순간에 좋은 기회가 찾아왔다.

"성실아, 이번 달 돈 못 낸 것 선생님도 알고 있단다. 아버지께서 병원에 입원하셨단 이야기도 들었고. 그래서 내가 너에게 제안을 하나 하고 싶구나. 다음 달에 수학시에서 고등학생 수학 토론 대회가 열린단다. 마침 네가 반장이고 성적도 좋으니 우리 학교 대표로 너를 추천하고 싶은데, 네 생각은 어떠니?"

"좋은 기회이긴 한데…… 학교 대표로 나가는 건 조금 두렵기도 하네요. 거기다 아버지 병간호 때문에 시간을 내기도 힘들 것 같고요."

"성실아, 다시 한 번 생각해 보렴. 그 대회에서 우승하게 되면 받는 상품이 장학금이라는구나. 아버지 병간호도 중요하지만 틈틈이 공부하면서 준비해 보는 건 어떻겠니? 과목은 수학이고, 그날 당일 발표된 주제를 가지고 토론을 하면서 정답을 생각해 낸 학생에게 상을 주게 된다는구나. 선생님이 이번 달에 내야 할 돈을 다음

달까지 미뤄 달라고 학교에 부탁해 볼 테니, 그 대회를 한번 준비해 보렴."

"정말요? 알겠어요, 선생님. 준비해 볼게요. 감사합니다. 더군다나 수학이면 제가 제일 자신 있는 과목이고, 우승하면 장학금까지 받을 수 있으니 저한테는 너무 좋은 기회 같아요. 오늘부터 열심히 준비해서 꼭 우승할 수 있도록 할게요."

"그래, 꼭 우승해서 아버지를 기쁘게 해드리렴."

바쁜 어머니를 대신해 아버지를 간호해 드리고 동생들까지 돌보느라 하루가 모자랄 지경이었지만, 어머니의 경제적 부담을 덜어드릴 수 있다는 생각에 잠을 줄여 가며 공부를 했다.

"여기 소시지가 13개 있고, 어묵이 15개 있으니까 13 곱하기 15는 195!"

"언니, 뭐해? 왜 곱하기 해? 고등학생이면 곱하기는 엄청 잘해야 하는 거 아냐?"

"이게 다 언니가 연습하는 거야. 정확하고 빠르게. 혹시나 하고 연습해 보는 거야."

밥 먹는 시간에도 반찬 숫자를 세며 곱하기 연습을 하던 나성실에게 드디어 대회 날이 찾아왔다. 나성실은 아침 일찍 친구들의 격려와 선생님들의 응원을 받으며 대회장으로 출발하였다.

'긴장하지 마. 저렇게 날 응원해 주는 사람들이 있고, 공부도 열심히 했으니까 분명 좋은 결과가 있을 거야. 파이팅!'

속으로 긴장된 마음을 다잡으며 대회장에 도착한 나성실은 토론장으로 들어가 토론 준비를 하였다. 그리고 시간이 지나면서 각 지역과 학교를 대표하는 학생들이 들어오기 시작했다. 긴장한 마음을 가라앉히려고 나성실은 옆에 앉은 친구에게 말을 걸었다.

"안녕? 나는 나성실이라고 해."

"그래, 안녕? 나는 중앙고 대표 김미애야. 그리고 난 작년 수학 경시대회에서 2등을 했어."

쟁쟁한 친구들의 실력에 주눅이 든 나성실은 점점 불안해지기 시작했다. 그리고 토론 시작 시간을 알리는 종이 울리자 오늘의 주제가 공개되었다.

$$1 + \frac{1}{2} + \frac{1}{3} + \frac{1}{4} + \frac{1}{5} + \frac{1}{6} + \frac{1}{7} + \cdots \text{ 다음의 답을 구하시오.}$$

여기저기서 당황한 학생들이 웅성거리기 시작했고, 몇몇은 연습장을 꺼내서 직접 더해 보기도 했지만 답을 구할 수는 없었다. 그 와중에 어수선한 틈을 타서 한 친구가 말을 꺼냈다.

"저 식에서 더하는 수는 점점 작아져 나중에는 0만 더하게 될 것입니다. 그렇기 때문에 어떤 일정한 값에 도달하게 될 것입니다."

아까 토론 전에 자신이 말을 잠깐 걸었던 그 친구의 대답이었다. 나성실은 수학 경시대회에서 2등을 했다더니 정말 수학을 잘한다며 감탄하고 있었다. 하지만 순간 나성실의 머릿속에 번쩍 스치는 생각이 하나 있었다.

'그래. 왜 이걸 처음부터 생각 못했지?'

손을 든 나성실이 말을 꺼냈다.

"아닙니다. 일정한 값이 아니라 무한대에 도달하게 될 것입니다."

두 사람은 결국 수학법정에서 정답을 가리게 되었다.

$$1 + \frac{1}{2} + \frac{1}{3} + \frac{1}{4} + \frac{1}{5} + \frac{1}{6} + \frac{1}{7} + \cdots \text{에서}$$

점점 작아지는 수를 더해도 그 값은 무한대입니다.

여기는 **수학법정**

수학 토론대회의 정답은 무엇일까요?
수학법정에서 알아봅시다.

 재판을 시작하겠습니다. 수학 토론대회의
문제가 쉬워 보이지 않는군요. 답이 어떻
게 나올지 알아보겠습니다. 수치 변호사의
변론을 들어 보겠습니다.

 문제는 그리 어려워 보이지 않습니다. 어렵게 접근하지 않아
도 답을 구할 수 있을 것 같은데요. 문제를 보면 점점 그 수가
작아지는 것을 알 수 있습니다. 물론 계속해서 더해진다면 그
값이 증가하겠지만 점점 작은 숫자를 더하다 보면 결국 그 수
는 0에 다다를 것입니다. 더하는 숫자가 계속 있지만 그 끝이
어디인지만 안다면 일정한 값을 얻을 수 있을 것입니다. 이
값은 절대 무한대가 될 수 없고, 일정한 값을 얻을 것이라고
봅니다.

 수치 변호사의 말은 옳지 않습니다.

 수치 변호사의 의견은 일정한 값을 얻을 수 있다는 것인데,
수치 변호사의 말이 옳지 않다면 수학 토론대회의 답이 일정
한 값을 가지지 않는다는 건가요?

 그렇습니다. 이 문제의 답은 무한대입니다.

무한대라고 주장하는 근거가 있습니까?

차근차근 계산해 보면 그 값은 결코 작아진다고 볼 수 없다
는 걸 알게 됩니다. 이 문제의 해답을 찾아 주실 증인을 모셨
습니다. 무한대연구소의 끝없어 소장님을 증인으로 요청합
니다.

증인 요청을 받아들이겠습니다.

끝이 없어 보이는 긴 드레스를 입은 50대 초반의
여성은 땅에 닿을 듯한 긴 머리를 휘날리며 증인석
에 앉았다.

수학 토론대회 문제의 답을 구할 수 있을까요? 그리고 답이
있다면 그 답은 일정한 값을 갖는 것입니까?

답을 얻을 수 있긴 한데 일정한 답은 아닙니다. 해답은 무한
대입니다.

문제의 답이 무한대가 되는 이유는 무엇인가요? 자세한 풀이
과정을 설명해 주시면 감사하겠습니다.

우선 수열을 괄호로 묶어서 나열해 보면 $1+\frac{1}{2}+(\frac{1}{3}+\frac{1}{4})+($
$\frac{1}{5}+\frac{1}{6}+\frac{1}{7}+\frac{1}{8})+\cdots$ 라고 쓸 수 있습니다. 첫 번째 괄호를
볼까요? $\frac{1}{3}$ 과 $\frac{1}{4}$ 둘 중에 $\frac{1}{3}$ 이 큽니다. 따라서 $\frac{1}{3}>\frac{1}{4}$ 이
므로 $\frac{1}{3}+\frac{1}{4}>\frac{1}{4}+\frac{1}{4}$ 로 쓸 수 있습니다. $\frac{1}{4}+\frac{1}{4}=\frac{1}{2}$ 이므

3장—무한 수열에 관한 사건 173

로 첫 번째 괄호는 $\frac{1}{2}$보다 큽니다. 따라서 $\frac{1}{3}+\frac{1}{4} > \frac{1}{2}$임을 알 수 있습니다.

두 번째 괄호를 보면 $\frac{1}{5}$, $\frac{1}{6}$, $\frac{1}{7}$, $\frac{1}{8}$ 중에서 가장 작은 수는 $\frac{1}{8}$ 이므로 $\frac{1}{5} > \frac{1}{8}$, $\frac{1}{6} > \frac{1}{8}$, $\frac{1}{7} > \frac{1}{8}$ 입니다. 그러므로 두 번째 괄호에서 $\frac{1}{5}$, $\frac{1}{6}$, $\frac{1}{7}$ 을 모두 $\frac{1}{8}$로 바꾼 것은 두 번째 괄호보다 작습니다. 즉, $\frac{1}{5}+\frac{1}{6}+\frac{1}{7}+\frac{1}{8} > \frac{1}{8}+\frac{1}{8}+\frac{1}{8}+\frac{1}{8}$입니다. 여기서 $\frac{1}{8}+\frac{1}{8}+\frac{1}{8}+\frac{1}{8}=\frac{1}{2}$ 이므로 $\frac{1}{5}+\frac{1}{6}+\frac{1}{7}+\frac{1}{8} > \frac{1}{2}$임을 알 수 있습니다. 그러니까 두 번째 괄호도 $\frac{1}{2}$보다 커집니다.

다음에는 세 번째 괄호군요. 세 번째 괄호도 $\frac{1}{2}$보다 큽니까?

그렇죠. 세 번째 괄호에서 $\frac{1}{9}$ 부터 $\frac{1}{16}$ 까지 8개 항의 합을 괄호로 묶어 계산하면 이것도 $\frac{1}{2}$보다 커집니다. 이런 식으로 전체를 계산하면,

$$1+\frac{1}{2}+\frac{1}{3}+\frac{1}{4}+\frac{1}{5}+\frac{1}{6}+\frac{1}{7}+\frac{1}{8}+\cdots > 1+\frac{1}{2}+\frac{1}{2}+\frac{1}{2}+\cdots$$

을 얻을 수 있습니다. 부등호의 오른쪽 $\frac{1}{2}+\frac{1}{2}+\frac{1}{2}+\cdots$ 값을 계산해 보면 $\frac{1}{2}$ 을 무한 번 더한 것이므로 그 결과는 무한대임을 알 수 있습니다. 무한대에 1을 더해도 여전히 무한대가 되기 때문에 구하려는 수열의 합은 무한대보다 커지게 됩니다. 무한대보다 크다는 것은 곧 이 값이 무한대라는 것을 의미하지요.

복잡한 계산을 자세하게 설명해 주신 증인께 감사드립니다.

수학 토론대회 문제에서 우리는 점점 작아지는 수를 더함에
도 불구하고 그 값이 일정한 수를 가지는 것이 아니라 무한대
임을 알 수 있습니다. 따라서 수학 토론대회의 장학금을 가져
갈 주인공은 나성실 학생입니다.

 복잡한 식을 차근차근 계산하여 해답을 구할 수 있었습니다.
증인의 설명을 통해 문제의 답이 무한대임이 증명되었으므로
무한대라고 답한 나성실 학생에게 장학금이 주어져야겠습니
다. 수학 토론대회의 답은 무한대라는 것을 알리며 재판을 마
치도록 하겠습니다.

　　재판 후 나성실 양은 최연소로 대학 수학과에 진학해 수학 영재
코스를 밟게 되었다.

 무한대

무한대는 보통 8을 눕힌 모양인 ∞로 쓴다. 무한대는 어떤 수가 아니라 가장 큰 양을 나타내는 기
호이므로 무한대에 1을 더하든, 1을 빼든 관계없이 무한대가 된다.

수학 울렁증

1-1+1-1+1-1+1-1+…의 합은 얼마일까요?

나에겐 숫자 하면 떠오르는 악몽이 있다. 시간을 거슬러 올라가 중학교 시절.

"자, 이 문제 풀어 볼 사람? 어, 저기 손 든 사람 누구지?"

초등학교 시절 나름대로 촉망받는 모범생이었던 나는 중학교로 진학한 후에도 그 입지를 다지고자 수학 시간에 과감하게 손을 들어 문제를 푼 뒤 친구들에게 나의 똑똑함을 자랑하려고 했다. 하지만 어디서부터 잘못된 것이었을까. 나의 과감한 용기가 너무 과했던 것일까, 아니면 문제가 너무 어려웠던 것일까? 손을 들어 당당하게 칠판 앞으로 나간 나는 문제를 풀지 못해 내가 보여 줬던 당당함만큼의 대가를 사랑의 매로 받아야 했다.

"너 지금 선생님 놀리니? 손 들고 당당하게 나와서 한다는 말이, '선생님 못하겠어요?' 너, 이거 선생님 놀리는 거 확실해. 그런 게 아니고서야 이런 어처구니없는 일이 생길 수 있니?"

그날 이후 나는 학생들 사이에선 선생님을 놀린 이상한 아이로, 선생님들 사이에선 버릇없는 아이로 찍히고 말았다. 그 이후 생긴 나의 수학 울렁증은 점점 커 가면서 나를 괴롭히며 수학에 맺힌 한으로 변하였다.

하지만 하늘이 주신 기회였을까? 우리 부부 사이에서 태어난 나의 딸은 나와는 반대로 수학에 엄청난 재능을 가지고 있었다. 말을 배우자마자 혼자서 숫자를 깨치고 덧셈, 뺄셈을 시작으로 거침없이 수학을 집어삼키고 있었다.

난 내 딸의 재능을 내가 가진 유년 시절의 수학에 대한 슬픈 기억과 수학 울렁증이 치유될 수 있도록 하느님께서 보내 주신 선물이라고 생각했다. 그렇게 믿게 된 나는 더 이상 주저할 것이 없었다. 나의 딸을 위해 모든 것을 바치겠노라고 하늘에 맹세했다.

"하느님, 제 딸의 수학적 재능을 보살피고 보살펴 나라의 큰 힘이 되는 수학자로 만들겠습니다."

그날 이후부터 난 내 딸아이를 위해 철저히 계획을 세웠다.

"여보, 우리 사랑스럽고 자랑스러운 딸을 위해 준비한 점심 메뉴는 뭐요?"

"그냥 뭐 간단하게 차렸어요. 나물 몇 가지하고 국하고……. 왜요? 당신 뭐 먹고 싶은 거 있어요?"

"엄마라는 사람이 이렇게 관심이 없을 수가 있나! 당장 시장 가서 성장기 아이들 두뇌 발달에 도움을 주는 DHA가 듬뿍 담긴 등 푸른 생선을 사다 구워 주도록 하세요. 그리고 내일부터 물도 내가 새벽에 해발 600미터 꼭대기 약수터에 가서 떠 온 물만 마시게 해요. 하루 정도 지나면 그건 딸아이 주지 말고요."

사람들은 내 행동을 보고 극성이라고 했지만, 나에겐 열정이었다. 그리고 우리 부부의 지극정성 보살핌을 받으며 자란 딸은 전교 1등을 밥 먹듯 하고, 전국 1등을 넘어 세계 1등을 향해 달리는 소녀가 되었다.

그리고 점점 나의 수학에 대한 아픔이 내 딸로 인해 사라질 때쯤 내 수학 울렁증에 대한 치료의 마침표를 찍을 수 있는 기회가 왔다.

"전국 수학 경시대회."

나는 딸아이가 혹시 1등을 하게 된다면 내가 더 이상 수학을 무서워하지 않을 수 있겠다고 생각했다.

"딸아, 아버지를 위해 꼭 1등을 해다오."

"아버지 걱정 마세요. 제가 수학이라면 좀 하잖아요. 아버지를 위해 지금부터 경시대회 준비를 꼼꼼히 해서 꼭 1등 하도록 할게요. 믿어 주세요."

"네가 정말 자랑스럽구나."

딸아이는 평소보다 더욱 수학에 매진하며 나를 위해 온 힘을 다하고 있었다. 그리고 결전의 그날, 경시대회 당일이 되었다. 새벽부터 일어나 빠진 것은 없나, 혹시 시험을 보다 필요한 것은 없나, 생각하며 만반의 준비를 다하였다. 그리고 우리 가족은 군인이 중요한 전투에 나가듯이 팽팽한 긴장감을 늦추지 않고 시험장까지 갔다.

"아버지가 널 믿고 있으니 너무 걱정 마라. 그리고 아버지를 위해 꼭 1등을 해다오."

나의 간절한 바람은 시험을 마치는 순간까지도 끝나지 않았다. 두 시간 동안의 시험을 끝내고 나오는 딸아이의 표정을 유심히 보았다. 만족스러운 듯 살짝 미소를 띠고 있는 딸아이의 표정을 보자 수학 때문에 마음 아팠던 지난 세월의 아픔이 치유되는 듯했다.

"수고했다. 이제 집에 가서 맛있는 저녁 먹으며 내일의 결과를 기다려 보자."

시험도 끝났지만 내일 발표될 결과 때문에 나는 쉽게 잠을 이루지 못했다. 그렇게 꼬박 밤을 새우고 아침 9시에 컴퓨터 앞에 앉아 경시대회 결과를 기다렸다.

"안녕하십니까. 아침 뉴스를 시작하겠습니다. 어제 전국 고등학생들을 상대로 수학 경시대회가 있었습니다. 그럼 우승자인 1등과

2등, 3등을 발표하겠습니다. 중앙고등학교 서연의 학생이 만점으로 1등을 차지하였습니다. 그리고 2등은 아깝게도 한 문제를 틀린 수학고등학교 박메리 양, 그리고 3등은……."

우리 딸이 2등을 하다니! 난 믿을 수가 없었다. 그렇게 똑똑하고 명석한 우리 딸이 2등을 하다니, 난 우선 마음을 침착하게 가라앉히고 경시대회를 주관했던 곳으로 전화를 걸었다.

"우리 딸이 틀린 문제가 뭔가요?"

"네, 마지막 문제로 $1-1+1-1+1-1+1-1+\cdots$의 합을 구하는 문제였습니다. 정답은 0이었는데 메리 양은 다른 답을 써서 틀렸습니다."

나는 믿을 수가 없어 가까운 대학교의 수학과 교수님을 찾아가 이 문제의 답이 0이 맞는지 물어보았다.

"이건 좀 논란의 여지가 있는 문제인데, 일단 확실한 건 0이 답이 아닐 수도 있다는 겁니다."

답이 0이 아닐 수도 있다는 건 잘못된 문제로 인해 우리 딸아이가 1등을 할 수도 있다는 말이었다. 이런 기회를 놓칠 수 없다고 생각한 나는 그 즉시 바로 법정에 정확한 정답을 밝혀 달라는 탄원서를 제출하였다.

1을 계속 더하고 빼는 문제에서
1의 항의 개수에 따라 해답이 결정됩니다.

경시대회에서 메리가 틀린 문제의 답은
무엇일까요?
수학법정에서 알아봅시다.

 재판을 시작하겠습니다. 수학 경시대회에
참가한 학생들이 한 문제 차이로 등수가
엇갈릴 정도의 실력을 가졌다고 하는데요.
이번 경시대회 문제에서 가장 난해했던 문제에 대해 의견이
분분하다고 합니다. 어떤 문제이며 해답은 무엇인지 알아보
도록 하겠습니다. 피고 측 변론하십시오.

 수학 경시대회의 문제를 보면 1의 합과 차가 계속 반복됩니
다. 1을 더했더라도 바로 뒤에서 빼 버리는 것을 반복하므로
무한히 계속 계산해도 답은 결국 0이 됩니다. 따라서 해답은
수학 경시대회 주최 측에서 제시한 0이 맞습니다. 이 문제는
논란의 여지가 별로 없을 것 같은데, 이렇듯 의뢰를 한 것이
이상하군요.

 문제의 답이 0뿐 아니라 다른 답도 성립될 수 있는지 묻는 의
뢰가 있다고 합니다. 다른 답이 존재하지는 않습니까?

 다른 답이 존재한다뇨? 그럼 문제가 이상한 것 아닌가요?

 알겠습니다. 피고 측에서는 문제의 답을 0만 인정하는 것으로
알겠습니다. 원고 측은 0 이외의 다른 답이 존재한다고 보시

나요?

그렇습니다. 반드시 답이 0이라고 단정할 수는 없습니다.

0이 아니라면 무엇입니까?

답이 0이 아니라는 것은 아닙니다. 0 이외의 다른 답도 존재한다는 말입니다.

어떤 답이 더 존재할 수 있습니까?

이 문제의 답이 두 가지일 수 있다고 주장하는 근거를 증명할 증인을 모셨습니다. 홀짝연구소의 이홀짝 소장님을 증인으로 요청합니다.

증인 요청을 받아들이겠습니다.

  무테 안경을 쓴 50대 중반의 남성은 법정에 들어서면서부터 증인석에 앉을 때까지 자신의 걸음 수를 세면서 들어왔다.

수학 경시대회 측에서는 문제 $1-1+1-1+1-1+1-1+\cdots$의 정답이 0이라고 발표했습니다. 0이라는 답이 맞습니까?

이 문제의 답이 0이라고 해도 틀린 것은 아닙니다. 하지만 0과 다른 답 하나가 더 존재합니다. 0은 정확하게 옳은 답이라고 볼 수 없는 반쪽 답입니다.

그렇다면 또 다른 답은 무엇입니까?

일단 이 문제는 1을 계속 더하고 빼는 문제이므로 1의 항의 개수에 따라 해답이 결정됩니다. 무한히 계속 이어지므로 1의 항이 홀수 개일 때와 짝수 개일 때로 나누어 보아야 합니다. 따라서 1의 항의 개수를 홀수 개와 짝수 개 두 가지로 분류할 때, 1의 항이 짝수 개면 1이 더해지고 빼지는 개수가 같아서 답은 0이 되지만, 1의 항이 홀수 개면 1이 더해지고 빼진 후 다시 더해진 1이 하나 더 있는 것과 같으므로 해답은 1이 됩니다. 따라서 1의 개수가 짝수 개냐 홀수 개냐에 따라 0과 1이 모두 답이 되는 것입니다.

경시대회 주최 측에서 발표한 답 0만으로는 해답이라고 할 수 없겠군요. 이 문제의 답은 1의 항의 개수가 짝수 개면 0, 홀수 개면 1이 되어야 합니다. 따라서 1등을 했다는 중앙고등학교 서연의 학생은 2등 학생과 1개의 성적 차이를 가지므로 실제로는 1등과 2등의 점수가 같습니다. 따라서 공동 우승으로 보아야 합니다.

1등을 한 학생은 $1-1+1-1+1-1+1-1+\cdots$의 답을 0이라고 하여 맞았다고 생각했는데, 답이 틀렸다는 소식으로 속상하겠지만 옳은 답을 아는 것이 중요하다고 생각해야겠죠. 이 문제의 답은 1의 항의 개수가 짝수 개면 0, 홀수 개면 1이므로 0만 기록한 학생의 답은 옳은 답이라고 인정할 수 없습니다. 따라서 이 문제로 1등과 2등으로 나뉘었던 두 학생은 공동 우

승으로 인정해야겠습니다. 두 학생 모두 경시대회의 우승자이며, 앞으로도 더욱 열심히 공부하고 최선을 다해 좋은 성적을 거둘 수 있기를 기대하겠습니다. 이상으로 재판을 마치도록 하겠습니다.

재판 후 두 학생은 과학공화국의 수학 대표가 되어 국제 수학 경시대회에서 공동 우승을 차지했다.

 (−1)의 거듭제곱

$(-1)^2=(-1)\times(-1)=+1$이 되고, $(-1)^3=(-1)\times(-1)\times(-1)=-1$이 된다. 그러므로 (-1)을 짝수 개 곱한 결과는 $+1$이 되고 홀수 개 곱한 결과는 -1이 된다.

1의 비밀

'0.9999…=1' 이라는 식이 성립할까요?

요즘 인터넷을 가장 뜨겁게 달구고 있는 것. 다름 아닌 수학이다. 몇 달 전 아무도 풀지 못할 것이라는 수학의 6대 미스터리 문제가 한 수학자에 의해 한 문제씩 풀리고 있기 때문이다. 이제 남은 건 한 문제. 이 문제를 다 풀 경우 상금으로 걸려 있는 어마어마한 액수의 돈을 받게 되기 때문에 과연 그 수학자가 마지막 여섯 번째 문제를 풀 수 있을지에 대해 온 관심이 쏠려 있었다.

"어제 그거 봤어? 그 수학자 있잖아. 미스터리 수학 문제 푼 사람 말이야."

"그 사람이 왜? 온통 그 사람 얘기뿐이잖아. 그거 다 풀면 따라오는 상금이 얼마라고 하더라? 하여튼 3대를 먹여 살릴 수 있는 돈이래."

"그게 중요한 게 아니라 어제 드디어 다섯 번째 미스터리까지 풀었대. 이제 남은 건 한 문제, 벌써 풀기 시작했다고 하더라."

"정말? 하여튼 요즘 그 사람 때문에 전 세계가 난리도 아니구나. 우리 남자친구도 어제 자기가 여섯 번째 미스터리 문제를 풀겠다고 하던걸? 그거 말리느라 한참 걸렸어."

"어머, 웬일이니! 그거 신경 쓰지 말고 요번 기말고사나 잘 보라고 그래라. 중간고사 때 하나도 몰라서 백지 내고 나왔다며?"

사람들의 관심을 온통 긁어모은 수학자의 여섯 번째 미스터리 수학 문제의 풀이. 이로 인해 사람들은 자연스럽게 수학에 관심을 갖게 되었고, 덩달아 도서관과 서점에서도 수학 서적을 찾는 사람이 늘어났다.

수학을 사랑하는 사람인 김필복 씨 역시 미스터리에 촉각을 곤두세우고 있는 사람 중 한 명이다. 어렸을 적부터 하루 종일 외워도 며칠이면 금세 잊어버리는 국사 같은 과목 대신, 한 가지 원리만 알면 여러 문제를 풀 수 있는 수학에 매력을 느껴 학교를 졸업한 지금까지도 수학과 함께 하고 있다. 수학자가 꿈이었지만 그 꿈을 못 이룬 대신 인터넷 수학 동호회, '수학에 빠진 사람들'을 운영하고 있다.

그리고 며칠 전 어느 출판사에서 김필복 씨에게 수학과 평생을 함께할 수 있는 기회를 제안해 왔다.

"김필복 씨 되십니까? 여기는 잘남 출판사입니다. 요즘 수학에 대한 관심이 급증하면서 저희가 수학에 대한 잡지를 출간하려고 하는데, 그 일을 저희와 함께 해 주셨으면 해서 전화 드렸습니다."

"수학 잡지라면 지금 국내에서 유명한 〈매스월드〉라는 잡지가 있는 걸로 아는데 그게 가능할까요?"

"알아보니 〈매스월드〉의 판매 부수가 엄청나게 급증했다고 하는군요. 동호회를 운영하시니까 이미 알고 계시겠지만 수학에 대한 관심이 높아지지 않았습니까? 분명 가능성이 있다고 봅니다. 거기다 〈매스월드〉는 수학을 깊이 좋아하는 사람들에게는 조금 초보적인 수준의 잡지입니다. 그래서 저희가 본격적인 수학 잡지를 창간하려고 하는 겁니다."

"아, 그건 저도 동감입니다. 많은 사람들이 그런 잡지를 찾고 있거든요. 그럼 내일 출판사로 찾아가겠습니다."

김필복 씨는 출판사의 의도에 적극 공감하였다.

'사실 〈매스월드〉를 보면서 뭔가 좀 더 깊이 있는 내용을 원했던 건 사실이야. 더군다나 일을 시작하게 되면 내가 평생 꿈꿔 왔던 수학과 함께하는 삶도 이룰 수 있잖아. 또 잘만 만들면 돈도 될 것 같고. 일단은 내일 가서 출판사 사람들과 상의해 봐야지. 근데 〈매스월드〉가 워낙 수학계에서는 유명한 잡지라…… 뭔가 좀 쇼킹하고 사람들의 눈을 확 끌 만한 창간호가 나와야 하지 않을까?

이래저래 들떠 잠을 이룰 수 없었던 김필복 씨는 밤새 창간호를 어떻게 만들 것인지에 대해 고민했다. 그리고 다음 날 약속 시간이 되기도 전에 출판사에 도착해 자신에게 잡지를 만들자고 제안했던 사람들과 마주앉았다.

"일단 저희와 뜻을 함께해 주서서 감사합니다. 저도 김필복 씨가 운영하는 동호회의 한 사람으로 그동안 김필복 씨가 쓰신 글들을 매우 유심히 보았습니다. 오랫동안 수학에 관심과 애정을 두신 분이어서 그런지 글에서도 그런 게 느껴지더군요. 굉장히 인상 깊었습니다."

"그렇게 좋게 봐 주시니 감사합니다. 어렸을 적부터 수학을 좋아해서……. 그럼 이제 일에 대해 이야기해 볼까요? 제안을 받은 후부터 제가 수학 잡지를 만든다는 생각에 들떠 한숨도 못 잤습니다. 혹시 계획해 두신 건 있으신지요?"

"일단은 표지부터 강하게 가려고 합니다. 단순하게 수학계의 사건만 다루기보다는 좀 더 혁신적이고 깊이 있는 내용을 담으려고 합니다. 뭐 좋은 생각 갖고 계신 거 있으신지요? 더군다나 저희가 잡지를 만든다는 소식을 〈매스월드〉에서 듣고 상당히 견제를 하고 있는 눈치입니다. 그렇기 때문에 표지에 더욱 신경을 써야 할 것 같습니다."

"그렇다면 저에게 좋은 생각이 있습니다. 어제 떠오른 생각인데,

'0.9999… =1'이라는 문구를 표지에 넣는 겁니다."

"그게 무슨 말인지……."

"일단은 저를 믿어 보십시오. 확실히 사람들의 이목을 끌 수 있을 겁니다."

김필복 씨의 의견을 믿기로 한 출판사 관계자들은 최대한 그의 의견을 반영하기로 하고 본격적으로 잡지 창간 준비에 들어갔다. 그리고 세 달 후 창간호가 만들어졌고, 김필복 씨가 만든 잡지는 서점에 배포되자마자 큰 관심을 받기 시작했다. 그중에서도 그들의 성공에 가장 민감한 반응을 보인 것은 〈매스월드〉 사람들이었다.

"도대체 이게 뭔가! 그동안 우리가 잡지를 만들어 온 시간이 얼만데, 순식간에 이렇게 판도가 바뀌다니!"

"편집장님, 헌데 그 잡지 표지에 적힌 '0.9999… =1'이라는 게 좀 이상합니다. 어떻게 그런 등식이 성립할 수 있는 거죠? 이건 확실히 독자들을 우롱하는 행위입니다."

"나도 그렇게 생각했던 건 사실이네. 맞네! 사기야 사기! 감히 창간호 한 권으로 그동안 우리가 쌓아 온 모든 걸 무너뜨리려고 하다니……. 당장 그자들을 고소하자고!"

판매 부수가 눈에 띄게 줄어들자 결국 〈매스월드〉는 김필복 씨를 수학법정에 고소했다.

소수점 뒤에 하나의 숫자가 계속되는 무한소수를
분수로 고치면 분자는 그 수가 되고 분모는 9가 됩니다.

여기는 수학법정

0.9999…는 1과 같을까요?
수학법정에서 알아봅시다.

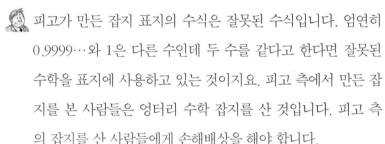

재판을 시작하겠습니다. 잡지 표지의 수식
표현이 잘못되었다는 의뢰가 들어왔습니
다. 어떻게 된 것인지 알아보겠습니다. 먼
저 원고 측 변론을 시작하십시오.

피고가 만든 잡지 표지의 수식은 잘못된 수식입니다. 엄연히
0.9999…와 1은 다른 수인데 두 수를 같다고 한다면 잘못된
수학을 표지에 사용하고 있는 것이지요. 피고 측에서 만든 잡
지를 본 사람들은 엉터리 수학 잡지를 산 것입니다. 피고 측
의 잡지를 산 사람들에게 손해배상을 해야 합니다.

피고 측에서 출판한 잡지의 표지가 잘못되었다는 주장이군
요. 피고 측의 수학 잡지가 지금 아주 큰 관심을 받고 있으며
인기가 많다고 하는데, 표지의 수식이 잘못되었다고 주장하
는 원고 측은 혹시 피고 측의 잡지에 샘이 나서 억지를 부리
는 것은 아닌가 의심스럽습니다.

판사님, 그런 말씀 마십시오. 샘을 내는 것이 아닙니다. 분명
히 표지의 수식이 잘못된 것이라고 생각하기 때문에 문제를
제기한 것입니다. 잘못된 것인지 아닌지 정확히 아는 게 의심

하는 것보다 훨씬 좋지 않을까요? 그리고 그렇게 판사님의
주관적인 생각을 말씀하시면 샘을 내지 않았더라도 원고 측
이 오해를 받을지 모릅니다.

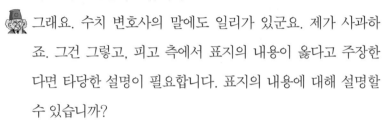 그래요. 수치 변호사의 말에도 일리가 있군요. 제가 사과하
죠. 그건 그렇고, 피고 측에서 표지의 내용이 옳다고 주장한
다면 타당한 설명이 필요합니다. 표지의 내용에 대해 설명할
수 있습니까?

물론입니다. 표지 내용은 분명히 옳은 표현입니다. 표지에 있
는 수식을 증명해 주실 증인을 모셨습니다. 분수학회의 박나
눔 학회장님을 증인으로 요청합니다.

증인 요청을 받아들이겠습니다.

투피스를 입은 50대 중반의 여성은 잡지를 품에
앉고 증인석에 앉았다.

증인은 분수 표현에서는 훌륭한 실력을 가지고 있다고 들었
습니다. $0.999999\cdots = 1$임을 증명해 보일 수 있습니까?

물론입니다. $0.99999\cdots$의 값을 분수로 표현하여 증명해 보이
겠습니다. 먼저 $0.2222\cdots$라는 값은 $0.2+0.02+0.002+$
$0.0002+\cdots$로 나타낼 수 있습니다. 이 식의 우변을 분수
로 쓰면 $0.222\cdots = \dfrac{2}{10}+\dfrac{2}{100}+\dfrac{2}{1000}+\cdots$입니다. 그러므로

이 수열은 제1항이 $\frac{2}{10}$이고, 공비가 $\frac{1}{10}$인 등비수열이며, 이 수열의 합은 등비수열을 구하는 식으로 구할 수 있습니다. 첫 항을 a라 하고 공비를 r이라고 하면 등비수열의 n항까지의 합은 $\frac{a(1-r^n)}{1-r}$ 이 됩니다. 이 식으로 구한 등비수열의 합은 $\frac{2}{10} \div (1-\frac{1}{10}) = \frac{2}{10} \div \frac{9}{10} = \frac{2}{9}$ 입니다.

이런 식으로 $0.3333\cdots$을 구하면 $0.3333\cdots = \frac{3}{9}$ 이라는 답을 얻을 수 있습니다.

 증인의 설명을 듣다 보니 규칙이 보이는군요.

 그렇지요. 소수점 뒤에 하나의 숫자가 계속 나타나는 무한소수를 분수로 고치면 분자는 나타나는 그 수가 되고 분모는 9가 됩니다. 그러므로 다음과 같이 쓸 수 있습니다.

$0.1111\cdots = \frac{1}{9}$, $0.2222\cdots = \frac{2}{9}$, $0.3333\cdots = \frac{3}{9}$, $0.4444\cdots = \frac{4}{9}$ $\cdots$ 이런 식으로 구한다면 $0.9999\cdots = \frac{9}{9}$라는 수식을 얻을 수 있고 결국 $0.9999\cdots = \frac{9}{9} = 1$이 됩니다.

 $0.99999\cdots$의 값이 1임을 입증한 것이군요. 원고 측에서 엄연히 다르다고 주장했던 두 수의 값이 결국 같음을 증명했습니다. 따라서 피고 측에서 출판한 표지의 내용은 맞는 것이므로 원고 측에서는 더 이상 이의를 제기할 수 없음을 알아야 합니다.

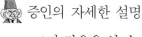 증인의 자세한 설명과 등비수열의 합을 이용해서 $0.9999\cdots$ $=1$과 같음을 알 수 있었습니다. 피고 측에서 출판한 수학 잡

지의 표지 내용인 수식 $0.99999\cdots=1$은 옳은 수식임을 인정합니다. 원고 측에서는 더 이상 이 문제에 이의를 제기하지 않도록 해야 할 것입니다. 이상으로 재판을 마치겠습니다.

재판이 끝난 후 재판과 관련된 수학 내용이 신문에 실리자 많은 사람들은 새로운 수학의 탄생에 경외감을 금치 못했다.

 순환소수의 표현

$0.9=1$을 이용하면 많은 수들을 소수로 표현할 수 있다. 예를 들어 10은 $9.99999\cdots$와 같고 이것은 $9+0.9999\cdots$ 이므로 $10=9.9$라고 쓸 수 있다. 같은 방법으로 $100=99.9$라고 쓸 수 있다.

라이벌 수학자의 무한대결

1m 높이에서 떨어뜨린 공이 왕복운동을 할 때 이동한 거리는 총 얼마일까요?

그해 7월, 수학고등학교 숙명의 라이벌 만남이 시작된다. 금진호와 김준호! 이름도 비슷한 그들의 만남이 이루어진 것이다. 수학고등학교에 전교 1등으로 입학한 진호는 동네에서 이름난 수재였다. 특히 수학을 잘한 진호의 명성은 대단했다. 중학교 시절 결근하신 선생님을 대신해서 수업을 했던 적도 있고, 학교 시험 기간이면 수학 문제를 물어보러 오는 반 친구들 때문에 진호의 자리는 항상 북적거렸다. 나중엔 일일이 친구들에게 수학을 가르쳐 주는 대신 점심시간에 교탁에 나가 반 친구들을 상대로 수학을 가르친 덕분에 시험에서 진호네 반이 수학 1등을 차지한 적도 있었다.

친구들이 모르는 문제가 있어 찾아오면 자신의 공부를 하다가도 가르쳐 주는 진호의 마음씨 때문에 더욱 인기가 많았지만, 고등학교에 들어가 김준호, 그 녀석을 만난 후 진호 역시 자신의 승부근성을 드러내기 시작했다.

그들의 만남은 진호가 진학한 수학고등학교로 준호가 전학을 오면서부터 시작되었다. 그들의 만남이 처음부터 냉랭했던 것은 아니었다. 상냥한 진호인 만큼 전학 온 준호에게 잘해 주었지만 먼저 칼을 꺼내 든 건 준호였다.

"네가 이 학교 전교 일등이라며? 아무리 그래도 나는 못 이길 걸? 장담하건대 이번 시험에서 전교 일등은 내가 하게 될 거야. 네가 쭉 1등을 했다고 하기에 혹시나 충격이라도 받을까 봐 미리 말해 주러 온 거야. 그럼 2등 금진호, 안녕!"

"저 자식이!"

이름뿐만 아니라 성적도 비슷했던 둘의 경쟁은 그야말로 피 튀기는 혈전이었다. 항상 거의 완벽에 가까운 성적으로 1등을 차지하던 진호를 누르고 정말 전학 온 준호가 1등을 한 것이다. 순한 진호였지만 자신이 가장 자랑스러워하고 자신 있어 하던 공부로 자신에게 패배감을 안겨 준 첫 상대의 비아냥거리는 태도는 진호를 바꿔 놓고 말았다.

"저번 시험에서 내가 잠깐 방심했었지. 결국 네가 2등이잖아? 원래 이게 맞는 거야. 내가 1등이고 네가 2등이고. 미안하지만 너도 이제부터 쭉 2등으로 살아야 하니까 마음의 준비나 좀 해 두시지!"

그렇게 고등학교 3년 내내 1등과 2등을 번갈아 하면서 둘은 끝없이 경쟁을 했다. 하지만 오히려 그게 인연이 되었을까? 둘은 대학교까지 같은 학교, 같은 과로 가게 되었다. 평소 둘 다 수학에 관심이 있었던 만큼 수학과로 진학을 하였고, 고등학교 3년 동안 끊임없이 해 오던 경쟁을 또다시 대학교 4년 동안 하게 된 것이다.

"너, 참 징그럽다. 내가 오니까 너도 여기 오고 싶었냐? 고등학교 때도 나를 그렇게 괴롭히더니."

"나는 괴롭힌 적 없어. 네가 나보다 공부를 못해서 스스로 많이 괴로워한 거겠지. 하하하!"

"어쨌든 이제 고등학교와는 차원이 다른 공부를 하게 될 거야. 그렇게 되면 누가 진정한 승자인지 알 수 있겠지."

대학 4년 동안 서로에게 지지 않으려고 했던 공부가 오히려 그 둘에겐 좋은 결과를 가져다주었다. 둘은 대학 내에서도 단연 눈에 띄는 수재였고 준호, 진호 모두 학교 장학생으로 대학원에 진학하면서 대학교수의 길을 걷게 되었다.

시간이 흘러 둘은 각자 다른 학교의 교수가 되었지만 종종 열리는 학회에서 좀 더 새로운 학설을 찾아내기 위해 둘의 경쟁은 계속되었고, 수학계에서 유명한 라이벌이 되었다.

그리고 이런 둘의 라이벌 관계가 새로운 형식의 방송을 만들고

자 했던 지피디의 귀에 들어가게 되었다.

"이야, 대단하군! 고등학교 때부터 알아주는 수재로 대학교, 대학원, 그리고 교수가 되어서까지 끊임없이 경쟁하는 라이벌이라……. 이걸로 방송 만들면 뭐가 좀 될 것 같은데. 음, 어떤 형식의 방송이 좋을까. 다큐멘터리로 만들어도 좋겠지만 그것보다는 좀 더 역동적인 뭔가가 있으면 좋겠는데……. 아, 그래 퀴즈! 서로 상대에게 문제를 내고 그걸 맞히면서 누가 더 강한지 가려내는 게임! 이야, 이거 환상적인데? 박작가! 교수님들 연락처 좀 주세요."

지피디는 두 사람에게 전화를 걸어 자신이 구상하고 있는 프로그램에 대해 설명하기 시작했다. 처음엔 두 교수 모두 상대가 자신만큼 많은 지식을 가지고 있는 사실에 부담을 느끼고 방송을 거절했지만, 방송을 꼭 만들어야겠다는 지피디의 욕심이 만든 거짓말이 두 교수의 마음을 바꿔 놓았다.

"교수님, 아직도 결정 못하셨나요? 사실 금진호 교수님께서는 예전에 승낙하셨습니다. 자신이 김준호 교수를 이길 자신이 있다면서 제 제안을 바로 받아들이신 거죠."

"뭐? 그런 말을 했단 말이지? 지피디, 그럼 나도 당연히 출연하겠네."

어찌 되었건, 결국 출연하기로 한 두 사람은 자신의 이름을 건 문제를 만들기 시작했다. 상대가 절대 못 풀 문제! 두 사람의 경쟁에 드디어 끝이 보이기 시작했다.

　두 사람의 첫 방송. 처음부터 굉장한 문제들이 오고갔다. 생방송으로 진행되는 프로그램은 두 교수의 치열한 머리싸움을 보는 것만으로도 시청자들의 손에 땀을 쥐게 했다. 방송을 시작하고 채 15분도 되지 않아 두 교수의 얼굴에 땀이 흐르기 시작했다. 막상막하의 실력을 보이며 끝이 나지 않던 프로그램이 드디어 종반으로 치닫고 있었다.

　두 사람은 상대에게 가장 강력한 마지막 한 문제씩을 남겨 두고 있었다. 드디어 김준호 교수의 문제가 공개되었고, 금진호 교수는 힘겹게 마지막 문제를 풀었다. 그리고 김준호 교수가 문제를 풀 차례. 금진호 교수는 '1m 높이에 있는 공이 바닥에 떨어졌다가 올라갈 때는 절반의 높이만 올라가는 이런 운동을 무한히 계속할 때 공이 움직인 총 거리는?' 이라는 문제를 출제하였다.

　김준호 교수는 얼굴에 미소를 띠며 '무한대' 라고 대답했지만, 모두의 예상을 깨고 그 대답은 오답으로 처리되었다. 김준호 교수는 금진호 교수가 정답을 오답이라고 억지 쓰고 있다며 수학법정에 고소하였다.

계속 반복한다고 해서 무조건
무한대라고 생각하면 안 됩니다.

여기는 **수학법정**

1m 높이에서 떨어뜨린 공의 총 이동 거리는 얼마나 될까요?
수학법정에서 알아봅시다.

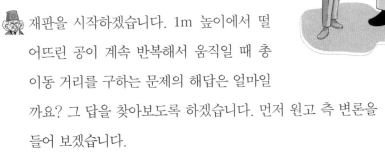

재판을 시작하겠습니다. 1m 높이에서 떨어뜨린 공이 계속 반복해서 움직일 때 총 이동 거리를 구하는 문제의 해답은 얼마일까요? 그 답을 찾아보도록 하겠습니다. 먼저 원고 측 변론을 들어 보겠습니다.

공을 떨어뜨리면 자유 낙하를 합니다. 다시 튀어 올라간 공은 계속 반복적으로 위 아래로 튕겨서 한참 동안 왕복운동을 하다가 멈추게 되지요. 따라서 계속적으로 왕복하는 공의 총 이동 거리는 무한대입니다.

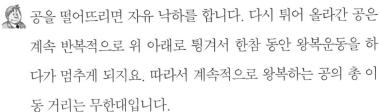

피고 측에서는 원고가 무한대라고 답했을 때 오답이라고 하지 않았습니까?

그것이 문제입니다. 분명히 무한대가 답인데 피고가 원고의 답을 오답이라고 우기는 겁니다. 무한히 계속 왕복운동을 하는 공의 이동 거리를 구하는 것이 더 이상하지 않습니까? 피고 측이 어떤 변론을 할지 궁금합니다.

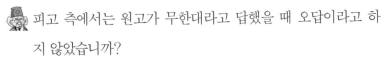

원고의 답을 오답이라고 주장하는 피고 측은 어떤 변론을 하는지 들어 보겠습니다. 피고 측은 이 문제에 대한 정확한 답

을 구할 수 있습니까?

이 문제의 답은 무한대가 아닙니다. 물론 그 해답은 따로 있습니다.

그렇다면 공은 멈출 때까지 얼마나 많은 거리를 운동합니까?

공이 움직인 총 거리를 구하기 위해 증인을 모셨습니다. 수열학회의 장반복 학회장님을 증인으로 요청합니다.

증인 요청을 받아들이겠습니다.

머리부터 발끝까지 분홍색 줄무늬가 그려진 옷을 입은 50대 후반의 남성이 지그재그로 걸어서 법정 안으로 들어왔다.

피고가 원고에게 낸 문제의 답은 무한대가 아닙니까?

네, 아닙니다.

1m 높이에서 떨어뜨린 공이 왕복운동을 할 때 총 이동 거리는 얼마인가요?

공이 왕복운동을 할 때는 조건이 하나 더 있었습니다. 공이 땅에 부딪혀 튕겨 올라갈 때는 떨어진 높이의 절반 높이로 튕겨 올라간다는 것이지요. 따라서 매번 땅에 부딪힐 때마다 공의 이동 거리가 $\frac{1}{2}$씩 감소된다는 겁니다. 그리고 왕복운동을 하기 때문에 공의 운동 거리는 매번 두 번씩 더해 주어야 합니다.

처음 높이는 1m이므로 한 번 튕겨 올라오는 높이는 $\frac{1}{2}$이겠군요.

그렇습니다. 처음은 1m, 튕겨 올라오는 높이는 $\frac{1}{2}$, 다시 내려가는 높이는 올라온 높이와 동일하게 $\frac{1}{2}$이 됩니다. 두 번째 튕겨 올라오는 높이는 $(\frac{1}{2})^2$이며 내려오는 높이 또한 $(\frac{1}{2})^2$가 됩니다. 이렇게 반복되는 거리를 정리하면

$$이동거리 = 1 + (\frac{1}{2}) + (\frac{1}{2}) + (\frac{1}{2})^2 + (\frac{1}{2})^2 + \cdots$$
$$= 1 + 2\left\{(\frac{1}{2}) + (\frac{1}{2})^2 + (\frac{1}{2})^3 + \cdots\right\} 가 됩니다.$$

이 수식을 어떻게 계산할 수 있습니까?

대괄호 안의 값은 등비수열입니다. 등비수열이란 일정한 수를 계속 곱해서 만들어진 수열을 말하며, 여기서 일정한 수를 공비라고 합니다. 대괄호 안의 공비는 $\frac{1}{2}$이 되는 거죠. 등비수열의 합을 구하는 식이 있는데 첫 항을 a라 하고, 공비를 r이라고 하면 등비수열의 n항까지의 합은 $\frac{a(1-r^n)}{1-r}$이 됩니다.

따라서 괄호 안의 값은

$$\frac{\frac{1}{2}(1-(\frac{1}{2})^\infty)}{1-(\frac{1}{2})} = \frac{\frac{1}{2}}{\frac{1}{2}} = 1이 됩니다.$$

전체적으로 계산해 볼까요? 이동 거리 $= 1 + 2 = 3$이 되는군요.

그렇습니다. 공이 이동한 전체 거리는 3m가 됩니다. 무한대

라고 생각할 수 있지만 그것이 사람들이 쉽게 착각하는 부분입니다. 계속 반복한다고 무조건 무한대라고 생각하면 안 되는 거죠.

 1m에서 떨어뜨린 공이 절반씩 계속 튀어 올라간다면 공의 총 이동 거리는 등비수열로 계산할 수 있으며, 원고가 주장하는 무한대의 값이 아닙니다. 계산 과정을 통해 총 이동 거리는 3m라는 것을 알 수 있었습니다. 따라서 원고는 틀린 답을 말한 걸 인정해야 합니다.

 원고와 피고 사이가 그리 좋지 않은 것 같군요. 문제에서 공의 총 이동 거리는 등비수열의 공식을 이용하여 얻은 답 3m가 맞다고 판단됩니다. 원고는 자신의 답이 옳지 않았다는 것을 인정해야 합니다. 그렇다고 해서 피고는 원고가 문제의 답을 틀린 것에 대해 좋아해서는 안 될 것입니다. 서로 힘을 합쳐 더불어 살아가면 고생을 덜 수 있는데 서로 나쁜 감정을 가질 필요가 있을까요? 무슨 일이든 함께 도와 가며 서로의 힘이 되어 주는 게 좋을 것 같습니다. 이상으로 재판을 마치겠습니다.

 등비수열

등비수열을 이루는 세 수를 보자. 예를 들어 2, 4, 8을 보면 가운데 수인 4의 제곱은 16이고, 다른 두 수의 곱은 2×8=16이 되어 같다. 이것은 등비수열을 이루는 모든 세 수에 대해 항상 성립한다.

전체의 반의 반, 또 반의 반……

운전을 나누어 한 두 사람은 각각 얼마씩의 일당을 가져가야 할까요?

김영식 씨는 올해 큰 목표를 하나 세웠다. 내년 여름 방학 때 해외여행을 가기로 결심한 것이다. 작년에 해외여행을 다녀온 친구의 이야기를 듣고 자신도 해외여행을 해 보기로 결심한 것이다. 자신의 첫 해외여행이기 때문에 의미를 담은 여행이 되었으면 해서 김영식 씨는 비용을 자신의 힘으로 만들어 보기로 했다. 시간은 좀 걸릴지 모르겠지만 자신이 아르바이트 한 돈으로 다녀온 해외여행이면 더욱 뜻 깊을 것이라고 생각했기 때문이다.

그 후 김영식 씨는 시간이 나는 대로 틈틈이 여러 가지 아르바이트를 하였다. 학교 수업이 끝나면 중고등학생 과외 아르바이트를 하고, 주말엔 대형마트에서 주차요원으로 일하였다. 그렇게 석 달 동안 고생한 결과 드디어 비행기 값이 마련되었다. 김영식 씨는 혹시라도 자기가 그 돈을 쓸데없는 곳에 써 버릴까 봐 그길로 당장 여행사에 들러 항공권을 사기로 했다.

"그럼 이쪽으로 가시는 거 맞습니까?"

"네, 왕복으로 항공권 예매해 주세요."

"네, 고객님. 저희는 항공권 금액을 선불로 받고 있습니다. 지금 즉시 결제하시겠습니까?"

"그래요? 그럼 잠시만 기다려 주세요. 지금 바로 은행에서 찾아오겠습니다."

은행에 들러 통장에서 돈을 찾은 김영식 씨는 즐거운 마음으로 다시 여행사로 향했다. 하지만 그 기쁨도 잠시, 김영식 씨가 두툼한 돈 뭉치를 들고 나오는 것을 본 소매치기가 훔쳐 도망가 버린 것이다. 소매치기를 쫓아 몇 시간을 헤매고 다녔지만 소용없었다. 허탈해진 영식 씨는 절망에 빠지고 말았다.

자신이 꿈꿔 왔던 첫 해외여행도, 그리고 그동안 고생하며 모았던 돈도 한순간에 날아가 버렸다. 여행사에 사정 얘기를 하고 항공권을 취소하고 돌아오는 영식 씨의 마음은 천근만근이었다. 하지만 시무룩한 학교 생활을 보내고 있던 영식 씨에게 또 한 번의 기회가 찾아왔다.

"영식아, 영식아! 너 요즘도 아르바이트 구하러 다녀?"

"해외여행 가려고 돈 모았는데 몽땅 날치기 당했어요."

"정말? 그럼 오히려 잘됐다. 내가 정말 괜찮은 아르바이트 하나 알려줄게. 우리 삼촌이 부탁하신 일이야. 원래는 내가 하려고 했는데 다음 주에 내가 친구들하고 어디를 가야 해서 못하게 됐거든."

"정말요? 우와! 선배님 감사합니다! 근데 무슨 일이죠?"

"우리 삼촌 회사에서 배달할 사람을 구하는데 장거리 운전이고 짐이 굉장히 많아. 어차피 너는 운전해서 배달만 해 주면 되니까 큰 걱정은 하지 않아도 될 거야. 장거리 운전이라는 점이 좀 걸리긴 하지만 그만큼 월급은 잘 나오니까 걱정 말고, 그거 두 달만 열심히 하면 비행기 값 정도는 다시 벌 수 있을 거야."

선배의 도움으로 좋은 아르바이트를 구한 영식 씨, 포기했던 해외여행을 다시 갈 수 있다는 생각에 날아갈 듯이 기뻤다.

"야야, 시영아 나 아르바이트 구했어! 선배가 소개시켜 준 건데 사이언시티에서 피즈시티까지 물건 배달만 해 주면 되는 거야. 이번 주 주말부터 하기로 했어."

"어, 정말? 진짜 잘됐다. 너 날치기 당한 후로 만날 시무룩해서 신경 쓰였는데……. 그런데 피즈시티라고? 이야, 나 주말에 거기 갈 일 있는데 가는 김에 나도 좀 데리고 가 주라, 친구야."

"뭐, 그쯤이야! 그럼, 토요일 저녁 6시에 출발하니까 너도 그때 나와!"

친구인 시영이를 태워 주기로 한 영식 씨는 오히려 혼자 가기 심심한 길에 말동무가 생겨서 다행이라고 생각했다. 그리고 토요일 오후 6시에 다시 만난 둘은 피즈시티로 향했다.

"너 운전 잘해! 괜히 옆에 있는 나한테 폐 끼치지 말고."

"이래 뵈도 베스트 드라이버야. 이거 왜 이래! 내 옆에 앉은 걸 감사하게 여기라고."

신나게 출발한 두 사람. 하지만 몇 시간 지나자 늦은 밤 운전이라서 그런지 영식 씨는 졸음이 밀려오기 시작했다.

"아, 거참 되게 졸리네. 큰일이다. 야야, 안 되겠다. 나 잠깐 눈 좀 붙이게 네가 운전 좀 해 줘. 지금 딱 반 왔거든. 좀 도와줘, 친구."

"졸음운전을 하게 둘 순 없지. 야, 그럼 너 월급에서 나 운전한 만큼 주는 거냐?"

"챙겨 줄 테니까 걱정 말고. 그럼 이렇게 하자. 내가 지금 전체 거리의 절반을 운전했으니까 네가 남은 거리의 반을 운전하고, 내가 또 남은 거리의 반을 운전하고, 이렇게 교대로 하자. 그럼 난 좀 잔다."

"걱정 말고 푹 자도록!"

그렇게 서로 교대해 가며 피즈시티까지 물건을 배달했다. 시영 씨를 내려 주고 다시 사이언시티로 돌아온 영식 씨는 그날 운송 요금을 받게 되었다.

"오~, 생각보다 괜찮은걸? 다음부턴 낮에 낮잠을 자 둬야겠다.

밤 운전이 생각보다 힘드네."

그리고 다음 날 학교에 간 영식 씨는 시영 씨를 만나게 되었다.

"야야, 영식아! 나 운전한 거 돈 안 주니?"

"안 그래도 어제 바로 주시더라. 20만 원 받았으니까, 잠깐 보자, 그럼 내가 먼저 운전을 했으니까 내가 좀 많이 가져야겠네."

"그게 무슨 소리야! 우리 둘이 딱 반으로 나눠야지. 그래야 계산이 맞지!"

"웬 억지! 그건 아니다. 다시 잘 생각해 봐. 내가 더 많이 가져가는 게 맞잖아."

"너 진짜 치사하게 왜 이러냐! 내가 계속 절반, 또 절반, 또 절반을 도와줬으니까 반반씩이 맞지!"

둘의 싸움은 끝을 내지 못하고 결국 수학법정에서 다루어지게 되었다.

일정한 수를 계속 곱해서 만든 수열을
'등비수열' 이라 하고, 여기서 일정한 수를
'공비' 라고 합니다.

운전을 나누어 한 두 사람은 얼마씩 가져가야
하는 걸까요?
수학법정에서 알아봅시다.

 재판을 시작하겠습니다. 두 사람이 운전한
거리에 따라 월급을 나누어야 하는데 얼마
만큼씩 운전을 했는지 알 수 없다고 합니
다. 두 사람이 운전한 비율을 구해 봅시다. 먼저 수치 변호사
의 변론을 들어 보도록 하겠습니다.

 두 사람은 출발할 때부터 도착 지점까지 절반씩 운전을 한 것
입니다. 따라서 두 사람이 운전한 비율은 같다고 볼 수 있습
니다. 두 사람은 받은 월급의 절반씩 나누어 가지면 됩니다.

 처음에 영식 씨가 전체 거리의 절반을 운전한 걸 보면 시영
씨보다 많이 한 것 같은데, 두 사람이 같은 거리를 운전했다
는 건가요?

 처음에 영식 씨가 전체 거리의 반을 운전했지만 두 번째는
시영 씨가 남은 거리의 절반을 운전했습니다. 이것은 시영
씨가 운전한 거리가 그 다음에 영식 씨가 운전할 거리보다
훨씬 길기 때문에 결국 비슷한 값을 얻을 수 있지 않을까 하
는데요.

 수치 변호사의 변론을 들어 보면 확실한 답이 아니라 대충 짐

작으로 하는 변론 같습니다. 변론을 위한 정확한 정보를 제시
하도록 노력해 주십시오. 이번엔 매쓰 변호사의 변론을 들어
보도록 하겠습니다. 두 사람이 각각 운전한 비율은 얼마나 됩
니까?

두 사람이 같은 거리를 운전했다는 수치 변호사의 변론은 틀
렸습니다. 두 사람이 운전한 거리는 많은 차이를 가집니다.

얼마나 차이가 납니까?

두 사람이 운전한 거리의 차이를 설명해 주실 증인을 모셨
습니다. 교통통계학회의 나척척 박사님을 증인으
로 요청합니다.

줄자를 온몸에 두른 50대 초반의 남성이 쉴 새 없
이 계산기를 두드리며 증인석으로 걸어 들어왔다.

전체 거리의 절반씩 서로 번갈아 가며 운전한 두 사람의 운전
거리에 차이가 있습니까?

두 사람은 절대 같은 거리를 운전하지 않았습니다. 두 사람이
운전한 거리를 계산해 봅시다. 두 사람의 운전한 양의 비를
구하기 위해 전체 거리의 양을 1로 두겠습니다. 영식 씨가 전
체 거리의 $\frac{1}{2}$을 운전하고, 시영 씨는 $\frac{1}{2}$의 $\frac{1}{2}$을 운전한 뒤
다시 영식 씨가 $\frac{1}{2}$의 $\frac{1}{2}$의 $\frac{1}{2}$을 운전하고, 또다시 시영 씨는

$\dfrac{1}{2}$의 $\dfrac{1}{2}$의 $\dfrac{1}{2}$의 $\dfrac{1}{2}$을 운전했습니다. 영식 씨가 운전한 거리와 시영 씨가 운전한 거리를 정리해 보면

영식 $= \dfrac{1}{2} + (\dfrac{1}{2})^3 + (\dfrac{1}{2})^5 + \cdots$을 운전했습니다.

 계속해서 반복되는 값을 어떻게 계산할 수 있습니까?

 이것은 첫 항이 $\dfrac{1}{2}$이고 공비가 $(\dfrac{1}{2})^2$인 등비수열입니다. 따라서 등비수열을 계산하는 공식으로 값을 얻을 수 있습니다.

 등비수열 식은 어떻게 됩니까?

 첫 항을 a, 공비를 r이라고 두면 등비수열의 합은 $\dfrac{a(1-r^n)}{1-r}$입니다. 영식 씨가 운전한 양을 계산하면

$$\dfrac{\dfrac{1}{2}(1-(\dfrac{1}{2})^\infty)}{1-(\dfrac{1}{2})^2} = \dfrac{\dfrac{1}{2}}{1-(\dfrac{1}{2})^2} = \dfrac{2}{3}$$가 됩니다.

따라서 영식 씨는 전체 거리의 $\dfrac{2}{3}$를 운전한 것입니다. 시영 씨는 전체 거리 1에서 영식 씨가 운전한 $\dfrac{2}{3}$를 뺀 나머지 거리 $\dfrac{1}{3}$을 운전했다는 걸 알 수 있습니다.

 시영 씨가 영식 씨에게 일당의 절반을 요구한 것은 자신이 운전한 양보다 훨씬 많은 돈을 원한 것이었군요. 영식 씨는 받은 돈의 $\dfrac{2}{3}$를, 시영 씨는 나머지 $\dfrac{1}{3}$을 갖는 것이 옳습니다.

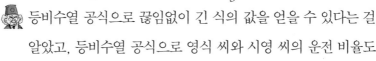 등비수열 공식으로 끊임없이 긴 식의 값을 얻을 수 있다는 걸 알았고, 등비수열 공식으로 영식 씨와 시영 씨의 운전 비율도 알 수 있었습니다. 누구나 자신이 일한 만큼 돈을 가져가야

하므로 영식 씨는 일당의 $\dfrac{2}{3}$를, 시영 씨는 $\dfrac{1}{3}$을 가져야 합니다. 이상으로 재판을 마치겠습니다.

 무한등비급수

1을 무한히 더하면 무한대가 된다. 즉, 다음과 같다.

$1+1+1+1+\cdots=\infty$

아버지가 남긴 유언의 비밀

아버지가 남긴 유산의 $\frac{1}{2}+\frac{1}{6}+\frac{1}{12}+\frac{1}{20}+\cdots$을 기증한다면 얼마나 기증하는 게 될까요?

이대성 씨는 수학시의 유명인사다. 그가 유명한 이
유는 단 두 가지, 그중 한 가지는 그가 수학시에서
가장 부자였고, 두 번째는 그가 수학 천재였기 때
문이다. 어려서부터 수학에 재능을 보인 그였지만 집안이 가난한
탓에 고등학교를 졸업하자마자 일을 해야 했다. 그는 온갖 고생을
하여 모은 푼돈으로 장사를 시작하였고, 수학에 대한 재능을 살려
혼자 힘으로 성공하였다. 힘들게 자기 손으로 모은 돈이었기 때문
에 그는 부자가 된 후에도 절대 허투루 돈을 쓰는 일이 없었다. 그
가 양말을 열 번 꿰매어 신는다는 이야기는 수학시에서도 유명한

일화이다. 또한 매년 불우이웃 돕기를 빠짐없이 하고, 동네에 힘든 일이 생기면 가장 먼저 도와줄 줄 아는 그의 성품이 더더욱 그를 돋보이게 하였다.

하지만 이렇게 동네 사람들의 존경을 받고, 부자인 그에게도 고민이 하나 있었으니, 바로 그의 막내아들이었다. 어디 하나 나무랄 데 없는 두 형에 비해 너무나도 나무랄 것이 많은 막내아들은 아버지의 돈을 물 쓰듯 하는 철없는 아들이었다.

"아버지, 제가 차가 좀 필요한데요. 학교가 너무 멀어서 학교 다닐 맛이 안 날 지경이에요."

"그게 무슨 말이냐? 학교가 너무 멀다고 해서 지난달 학교 앞에 집을 구해 줬지 않느냐."

"아버지, 학교까지 무려 5분이나 걸어가야 한단 말입니다. 저같이 귀하디귀하게 자란 사람이 어떻게 5분 동안 걸을 수가 있겠습니까? 심지어 수업에 늦었을 때는 뛰어야 한단 말입니다. 그렇게 되면 저의 최고급 명품 신발들이 얼마나 아파하겠습니까?"

"그걸 이유라고 대는 거냐? 차가 필요하면 네가 벌어서 사거라. 그리고 만일 내가 차를 사 준다고 한들, 매달 들어가는 기름 값이며 보험은 어떻게 할 거냐? 아버지는 사 줄 수 없다!"

하지만 이대성 씨의 고집도 잠시였다. 학교도 안 가고 밥을 굶어 가며 투쟁하는 아들 앞에서 무너진 것이다. 결국 이대성 씨는 아들이 원하는 비싼 차를 사 주게 되었고, 항상 이런 식으로 철없는 요구를 하는 아들의 부탁을 들어줘야만 했다.

"아이고, 저 녀석을 어쩐단 말이냐. 그래도 지금이야 내가 있으니 다행이지만 내가 죽고 나면 저 녀석을 누가 돌봐줄까, 아이고!"

이대성 씨의 이런 고민을 시험이라도 하듯, 몸이 안 좋아 종합검진을 받은 이대성 씨에게 마른하늘에 날벼락 같은 결과가 나왔다.

"유감입니다. 이제 2개월 정도 남으셨습니다."

병원에서 시한부 인생이라는 이야기를 들은 뒤, 이대성 씨는 깊은 슬픔에 잠겼다. 가장 슬픈 건 자신의 인생이 두 달밖에 남지 않은 것이었고, 그 다음으로 아직 정신을 못 차린 막내아들에 대한 걱정이었다.

"내가 이렇게 허무하게 죽다니…… 내 인생의 마지막 두 달이라도 멋지게 살아야겠군."

이대성 씨는 우선 유언장을 쓰기로 결심했다. 그리고 자신의 변호사에게 자신이 죽게 되면 바로 이 유언장대로 모든 재산에 대한 권리를 넘기라고 지시하였다. 그렇게 이대성 씨에게 주어진 두 달의 시간이 하루하루 지나고 마지막을 준비하는 날이 되었다.

"아들들아, 내가 이렇게 가서 정말 미안하구나. 그리고 막내야, 이제 제발 정신 좀 차리고……. 윽!"

"아버지, 아버지!"

그가 막내아들에게 남긴 마지막 유언은 막내아들의 삶을 바꿔 놓았다. 돈을 아꼈으며 미래를 준비하기 시작했고, 아버지가 바라

시던 대로 좀 더 훌륭한 사람이 되기 위해 노력했다. 그리고 며칠 뒤 아버지의 변호사로부터 아버지께서 남겨 주신 유산에 대한 권리가 적힌 유언장을 받게 되었다.

"아버지께서는 자신의 재산 중에서 $\frac{1}{2} + \frac{1}{6} + \frac{1}{12} + \frac{1}{20} + \cdots$을 사회에 기증하기로 하셨습니다. 그리고 나머지는 막내아들에게 모두 넘겨 주라고 하셨습니다."

아버지의 유언장이 공개되자마자 눈이 번쩍 뜨인 사람이 있었으니, 그는 바로 막내아들이었다.

'이게 뭐야~. 아버지 재산이 얼만데! 저만큼을 사회에 준다고? 나머지는 내 것이니까 계산을 좀 해 보면……. 아니, 이거 아무리 생각해 봐도 아버지 재산의 대부분은 내 차지가 될 것 같군. 아버지의 유언대로 좀 착하게 살아 보려고 했는데 또 아버지께서 큰돈을 나에게 물려주시니 어쩔 수 없군. 하하하하! 이참에 차나 바꿔야겠다.'

자신에게 남겨진 아버지의 재산이 어마어마할 것이라고 생각한 막내아들은 다시 옛날의 모습으로 돌아갔다. 돈을 펑펑 쓰고 다니며 흥청망청 놀기 시작했다. 하지만 며칠이 지났을까? 신나게 놀고 있던 자신에게 들려온 소식은 '수학시의 유명인, 이대성 씨 재산 전액 사회에 기증'이었다.

깜짝 놀란 막내아들은 부랴부랴 아버지의 유언장을 관리하던 변호사를 찾아갔다.

"당신! 지금 뭔가 큰 실수를 하고 있는 게 분명해. 유언장에는 아버지 재산 중에서 $\frac{1}{2}+\frac{1}{6}+\frac{1}{12}+\frac{1}{20}+\cdots$만 기증한다고 적혀 있었는데 어째서 전액이 모두 기증된 거지? 이거 뭔가 음모가 있는 거야!"

"침착하십시오. 저는 아버님 유언대로 실행할 뿐입니다."

"변호사가 거짓말도 하네? 이봐, 저건 분수야. 엄청나게 작은 숫자들인데 어떻게 그게 말이 되겠어? 당신 고소하겠어! 어디 거짓말한 변호사의 최후가 어떤지 보여 주지!"

결국 이대성 씨의 유족은 변호사를 수학법정에 고소하게 되었다.

$\dfrac{1}{2}+\dfrac{1}{6}+\dfrac{1}{12}+\dfrac{1}{20}+\cdots$인 무한수열의 합은 1입니다.

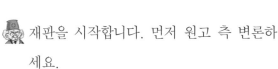

여기는 수학법정

유산의 $\frac{1}{2}+\frac{1}{6}+\frac{1}{12}+\frac{1}{20}+\cdots$의 기증은

전액 기증일까요?

수학법정에서 알아봅시다.

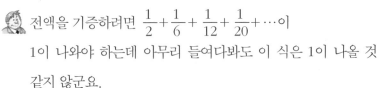

재판을 시작합니다. 먼저 원고 측 변론하

세요.

전액을 기증하려면 $\frac{1}{2}+\frac{1}{6}+\frac{1}{12}+\frac{1}{20}+\cdots$이

1이 나와야 하는데 아무리 들여다봐도 이 식은 1이 나올 것

같지 않군요.

그럼 얼마가 나올 것 같소?

글쎄요. 처음 보는 수열이라…….

에구! 그럴 줄 알았지. 그럼 피고 측 변론하세요.

무한수열연구소의 허무한 박사를 증인으로 요청합니다.

다소 허름한 차림의 무표정한 40대 남자가 증인석에

앉았다.

증인은 무엇을 연구하고 있죠?

무한수열의 합을 연구하고 있습니다.

그럼 $\frac{1}{2}+\frac{1}{6}+\frac{1}{12}+\frac{1}{20}+\cdots$도 계산할 수 있겠군요.

그렇습니다.

 어떻게 계산하죠?

 $2=1\times2$, $6=2\times3$, $12=3\times4$, $20=4\times5$ 라는 관계를 알아야 합니다. 그럼 위의 식은 $\dfrac{1}{1\times2}+\dfrac{1}{2\times3}+\dfrac{1}{3\times4}+\dfrac{1}{4\times5}+\cdots$ 이 됩니다.

 뭐 달라진 게 없잖아요?

$1-\dfrac{1}{2}=\dfrac{1}{2}$, $\dfrac{1}{2}-\dfrac{1}{3}=\dfrac{1}{6}$, $\dfrac{1}{3}-\dfrac{1}{4}=\dfrac{1}{12}$, $\dfrac{1}{4}-\dfrac{1}{5}=\dfrac{1}{20}$ 을 떠올리세요. 그러니까 다음과 같습니다.

$$1-\frac{1}{2}=\frac{1}{1\times2}$$

$$\frac{1}{2}-\frac{1}{3}=\frac{1}{2\times3}$$

$$\frac{1}{3}-\frac{1}{4}=\frac{1}{3\times4}$$

$$\frac{1}{4}-\frac{1}{5}=\frac{1}{4\times5}$$

재미있는 규칙이 나왔지요? 이것을 이용하여 구하려고 하는 수열의 합을 계산해 봅시다. 다음과 같이 되지요.

$$(1-\frac{1}{2})+(\frac{1}{2}-\frac{1}{3})+(\frac{1}{3}-\frac{1}{4})+(\frac{1}{4}-\frac{1}{5})+\cdots$$

괄호를 없애도 되지요? 그럼 다음과 같이 됩니다.

$$1-\frac{1}{2}+\frac{1}{2}-\frac{1}{3}+\frac{1}{3}-\frac{1}{4}+\frac{1}{4}-\frac{1}{5}+\cdots$$

1에서 $\dfrac{1}{2}$ 을 빼고 다시 $\dfrac{1}{2}$ 을 더하면 1이 됩니다. 그러니까 다음과 같지요.

$$1-\frac{1}{2}+\frac{1}{2}=1$$

마찬가지로 이 결과에 $\frac{1}{3}$ 을 빼고 다시 $\frac{1}{3}$ 을 더해도 1이 됩니다. 그러니까 다음과 같지요.

$$1-\frac{1}{2}+\frac{1}{2}-\frac{1}{3}+\frac{1}{3}=1$$

이런 식으로 같은 수를 빼고 다시 그 수를 더하면 달라지지 않으니까 구하는 수열의 합은 항상 1이 됩니다.

$$1-\frac{1}{2}+\frac{1}{2}-\frac{1}{3}+\frac{1}{3}-\frac{1}{4}+\frac{1}{4}-\frac{1}{5}+\cdots=1$$

 뷰티풀입니다. 뭐, 판결할 것도 없군요. 그럼 이대성 씨의 유언대로 전 재산을 사회에 기증하는 것으로 판결합니다.

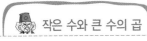 작은 수와 큰 수의 곱

$\frac{1}{3\times5}$ 의 분모를 보면 작은 수인 3과 큰 수인 5와의 곱이다. 그리고 두 수의 차이는 2이므로 이때 이 분수는 $\frac{1}{3\times5}=\frac{1}{2}\times(\frac{1}{3}-\frac{1}{5})$로 쓸 수 있다.

하노이의 탑

하노이의 탑을 움직이는 데 필요한 시간은 어떻게 구할까요?

최근 과학공화국에서는 수학을 이용한 퀴즈 대결 프로그램인 '퍼즐, 매쓰 탐험!' 이 유행이었다.

"오늘 참가자는 주저브 씨와 도로남 씨입니다."

사회를 보는 매쓰피아 방송국의 베테랑 사회자 임무스 씨는 긴 머리에 무스를 발라 꼿꼿하게 세운 머리로 인기를 끌고 있었다.

"자, 오늘 문제는 1000만 달란의 상금이 걸려 있습니다. 제한 시간은 10분입니다."

임무스 씨는 이렇게 말한 다음 커튼을 젖히고 오늘의 문제를 공개했다.

"보이는 것처럼 받침대에 나무 막대 3개가 박혀 있습니다. 그중 하나에는 반지름이 다른, 원반 8개가 큰 것이 아래 있도록 쌓여 있지요. 오늘의 미션은 이 원반들을 이 순서대로 다른 막대에 꽂는 것입니다. 물론 한 번에 한 개의 원반만 움직일 수 있고, 큰 원반을 작은 원반 위에 놓을 수 없습니다. 그럼 시작하겠습니다."

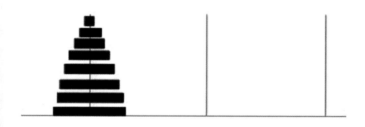

임무스 씨의 말이 끝나기가 무섭게 10분짜리 모래시계가 움직이기 시작했다. 그러자 주저브 씨는 원반이 꽂혀 있는 막대를 노려보았다.

'한 번에 한 장씩, 큰 원반을 작은 원반 위에 올려놓을 수 없고……'

주저브 씨는 속으로 게임의 규칙을 다시 한 번 상기하고 있었다.

"어떻게 해야 할지 도저히 감이 안 잡혀."

도로남 씨가 안타까운 표정으로 원반을 바라보며 말했다.

"어쨌든 해 보자고! 일단 원반 하나를 다른 막대로 옮기자!"

"정말 자신 없어."

"자꾸 그런 소리 하지 말고 좀 도움이 되는 생각을 해 봐. 벌써 모래가 절반이나 떨어졌잖아?"

"알았어."

처음 보는 문제에 당황한 두 사람은 낑낑거리며 힘을 쏟고 있었지만 문제는 풀릴 기미가 보이지 않았다. 게다가 시간까지 빠르게 흘러가고 있었다. 주저브 씨는 이렇게 저렇게 시도하다가 막히면 다시 원반을 처음 위치에 갖다 놓고 했으나, 계속 제자리걸음이었다.

"1분도 안 남은 것 같아."

모래시계만 바라보고 있던 도로남 씨가 말했다.

"도대체 자네는 나랑 같이 게임을 하는 거야, 마는 거야?"

주저브 씨가 제일 작은 원반을 손에 든 채 도로남 씨를 꾸짖었다.

"불가능한 문제야."

도로남 씨는 완전히 포기한 얼굴이었다.

시간이 거의 끝나갈 무렵, 주저브 씨의 얼굴이 붉게 상기되더니 갑자기 무대에서 쓰러졌다. 그러자 임무스 씨가 달려 나왔다.

"괜찮으세요? 병원에 가야 하는 거 아니에요?"

"됐어요. 시간이……."

주저브 씨는 너무 신경을 쓴 탓인지 남은 시간을 물어보고는 그 자리에서 기절해 병원으로 실려 가고 말았다. 결국 주저브, 도로남 팀은 미션을 수행하지 못해 상금을 받을 수 없게 되었다.

　병원에서 퇴원한 주저브 씨는 게임에서 무성의한 태도를 보인 도로남과 결별하고, 과연 이 문제가 10분 안에 해결할 수 있는 문제인지 알아보기 위해 수학법정에 의뢰하였다. 그리하여 이 사건은 수학법정에서 다루어지게 되었다.

수열의 규칙을 찾으면 하노이 탑의
원반 이동 횟수를 구할 수 있습니다.

여기는 **수학법정**

10분 안에 원반을 다른 막대로 옮길 수 있을까요?
수학법정에서 알아봅시다.

 재판을 시작합니다. 먼저 수치 변호사, 의견 말해 주세요.

 원반들을 다른 막대에 옮기는 데 뭘 귀찮게 큰 원반을 작은 원반 위에 놓을 수 없다는 조건을 다는지 모르겠습니다. 수학 문제에서는 불필요한 조건도 많다고 하는데 이게 그런 조건이 아닌가 생각됩니다. 판사님 생각은요?

 내가 물었어요.

 저는 도저히 모르겠어요.

 그럴 줄 알았어요. 그럼 매쓰 변호사, 의견을 말해 주세요.

 하노이연구소의 하노아 박사를 증인으로 요청합니다.

  검은색 양복에 검은색 넥타이를 맨 으스스해 보이는 40대 남자가 증인석에 앉았다.

 이 문제는 어떻게 해결해야 하는 거죠?

 우선 간단하게 원반이 한 개인 경우부터 규칙을 찾아보죠. 원반이 하나인 경우는 그 원반을 다른 기둥으로 옮기면 되니까

한 번만 움직이면 됩니다. 이제 원반이 두 개인 경우를 보죠.
원반이 두 개인 경우는 다음과 같이 옮겨야 합니다.

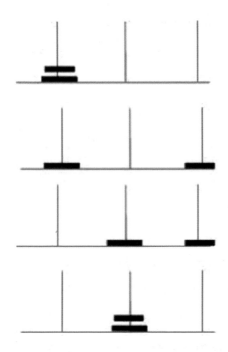

그러므로 원반을 세 번 움직여야 합니다.

 원반이 세 개일 때는 원반을 더 많이 움직여야겠군요.

 물론입니다. 원반이 세 개일 때는 일곱 번을, 원반이 네 개일
때는 열다섯 번을 움직여야 합니다. 그럼 지금까지의 경우를
정리해 보죠.

원반의 개수	원반 이동 횟수
1	1
2	3
3	7
4	15

 어떤 규칙이 있는 거죠?

 다음과 같이 써 봅시다.

원반의 개수	원반 이동 횟수
1	2^1-1
2	2^2-1
3	2^3-1
4	2^4-1

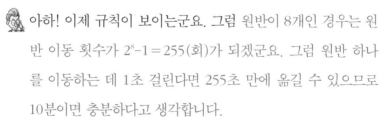 아하! 이제 규칙이 보이는군요. 그럼 원반이 8개인 경우는 원반 이동 횟수가 $2^8-1 = 255$(회)가 되겠군요. 그럼 원반 하나를 이동하는 데 1초 걸린다면 255초 만에 옮길 수 있으므로 10분이면 충분하다고 생각합니다.

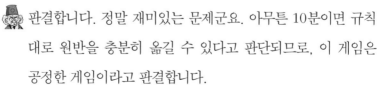 판결합니다. 정말 재미있는 문제군요. 아무튼 10분이면 규칙대로 원반을 충분히 옮길 수 있다고 판단되므로, 이 게임은 공정한 게임이라고 판결합니다.

재판이 끝난 후 원반을 이동하는 게임이 상품으로 출시되어 많은 아이들이 원반을 옮기면서 수열을 공부할 수 있게 되었다.

 열쇠 문제와 수열

1번부터 5번까지 적힌 5개의 문과, 번호표가 떨어진 5개의 열쇠가 있다. 이들 열쇠들은 5개의 문 열쇠이다. 이들 열쇠로 문을 열어 본다고 할 때 최대한 몇 번 열어 보아야 할까? 물론 운 좋게 열 번만에 문 다섯 개를 모두 열 수도 있지만 그것은 기적에 가까운 일이다. 가장 이상적인 방법은 먼저 하나의 열쇠를 들고 5개의 문을 모두 열어 보는 것이다. 그러면 이 열쇠들 중 하나는 어떤 문을 열게 될 것이고, 열어야 하는 문은 4개로 줄어들고 열쇠도 4개뿐이므로 이제 4개의 문을 일일이 열어 보면 그중 하나의 문이 열리게 된다. 이런 식으로 하면 문을 열어 보는 회수는 최대 1+2+3+4+5=15(번)가 된다.

제곱수를 더하고 빼고

$1^2-2^2+3^2-4^2+\cdots-198^2+199^2$이라는 암호를 해독하여 상자를 열 수 있을까요?

"여기 정말 유령이라도 나올 것 같아요. 오늘은 비까지 내리고."

나가자 군은 아버지의 팔을 꽉 잡았다. 그러자 놀란 아버지가 엉덩방아를 찧으며 바닥에 털썩 주저앉았다.

"깜짝이야! 나가자! 갑자기 팔을 잡으면 어떻게 해?"

"아빠! 잔뜩 긴장하셨나 봐요?"

나가자 군은 웃으며 아버지를 일으켰다. 얼굴이 빨개진 아버지가 멋쩍어 했다.

"쳇! 긴장은 무슨…… 하나도 안 무서워!"

"에이! 겁먹으신 얼굴인데요?"

아버지는 혼자 앞장서서 걸었다. 뒤를 살짝 돌아보자 아무도 없었다.

"나가자, 도대체 어디 있는 거야?"

괜히 으스스한 분위기에 아버지는 호흡이 가빠졌다.

'휴우! 정말 무섭긴 하군. 유령의 성이야, 유령의 성.'

그때였다. 갑자기 아버지의 발목을 누군가 잡아끌었다.

"으악!"

다시 한 번 엉덩방아를 찧었다. 질끈 감은 두 눈을 떠 보니 나가자 군이 빙그레 웃고 있었다.

"이 녀석!"

"하하하, 거봐요! 아빠도 무서우면서."

"아무튼 얼른 찾아보자."

"넵!"

지금 나가자 군과 그의 아버지는 와우 방송국에서 주최하는 유령의 집에서 물건 찾아오는 게임에 참가하고 있는 중이다. 방송국에서는 오래된 건물을 유령의 집으로 개조하고 많은 참가자들의 신청을 받아 여름 특집으로 게임을 진행하고 있었다. 게임은 간단하다. 두 명이 한 조가 되어 유령의 집으로 들어가 10분 안에 조그만 상자에 들어 있는 아이템을 먼저 가지고 나오는 사람이 이기는 게임이다.

수학을 좋아하는 나가자 군과 아버지는 제일 먼저 게임에 신청했고, 결국 1번으로 유령의 집에 들어가게 되었다.

"아빠! 너무 어두워서 앞이 잘 안 보여요."

"앗! 나가자, 내 발을 밟았구나. 윽!"

"죄송해요. 헤헤헤-."

두 사람은 암흑 같은 어둠을 뚫고 유령의 집안 구석구석을 뒤졌다. 잠시 후 희미한 불빛이 새어 나오는 조그만 창고 안에서 상자를 발견했다. 상자는 닫혀 있었고 상자에는 숫자가 돌아가는 다이얼이 붙어 있었는데, 거기에는 다음과 같은 암호문이 적혀 있었다.

$1^2 - 2^2 + 3^2 - 4^2 + \cdots - 198^2 + 199^2$의 값으로 다이얼을 맞추면 상자가 열립니다.

"나가자, 시간이 얼마 남았지?"

"1분이요."

"참나! 이걸 어떻게 1분 안에 풀어? 나가자, 헛수고했어."

"그래요. 이건 말도 안 돼요. 제곱수만 계산하는 데도 시간이 오래 걸릴 거예요."

결국 두 사람은 일찌감치 포기하고 유령의 집을 나왔다. 두 사람의 도전은 실패로 돌아갔고, 그들의 뒤를 이어 들어간 다른 참가자들도 모두 실패했다.

결국 상자 안의 아이템을 가지고 나온 사람은 없었지만, 방송국
은 참가자들이 유령의 집에서 두려워하는 모습을 생방송으로 내보
냄으로써 프로그램 시청률 1위의 영예를 안게 되었다.

　　"이건 말도 안 돼. 저 문제를 10분 안에 계산할 수 있는 사람은
아무도 없어. 그러니까 잘못된 거야. 참가자를 이용해서 방송국이
시청률을 올리려고 한 게 틀림없어."

　　이렇게 생각한 나가자 군의 아버지는 무모한 문제를 내서 참가
자들을 속였다며 와우 방송국을 수학법정에 고소했다.

복잡한 제곱수 계산 문제도
규칙을 찾으면 쉽게 풀 수 있습니다.

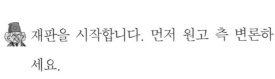
암호문에 적힌 다이얼 번호는 어떻게 구할 수 있을까요?

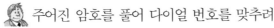
수학법정에서 알아봅시다.

재판을 시작합니다. 먼저 원고 측 변론하세요.

주어진 암호를 풀어 다이얼 번호를 맞추려면 1부터 199까지의 제곱수를 더했다 뺐다 해야 합니다. 이것을 10분 만에 하라고요? 이건 계산기를 눌러도 10분 만에 하기 힘든 계산입니다. 그러므로 이번 게임은 방송국 측이 명백히 사기를 친 거라고 봅니다.

피고 측 변론하세요.

복잡수열연구소의 복수열 소장을 증인으로 요청합니다.

노란 티셔츠와 청바지 차림의 사내가 증인석으로 들어왔다.

이번 사건에 대해 어떻게 생각하십니까?

10분이면 충분히 다이얼 번호를 알 수 있습니다.

어떻게요?

규칙을 찾으면 됩니다.

어떤 규칙이죠?

 199는 1부터 시작하여 100번째 홀수예요. 그러니까 홀수 번째까지의 합을 구해서 규칙을 찾으면 되지요.

첫 번째 홀수까지의 합 $= 1$

두 번째 홀수까지의 합 $= 1-4+9 = 1+5$

세 번째 홀수까지의 합 $= 1+5-16+25 = 1+5+9$

네 번째 홀수까지의 합 $= 1+5+9-36+49 = 1+5+9+13$

이제 네 번째 홀수까지의 합을 보죠.

$1+ (1+4) + (1+4 \times 2) + (1+4 \times 3)$

 뭔가 규칙이 보이는군요.

 그렇습니다. 그러니까 100번째 홀수까지의 합은 $1+ (1+4) + (1+4 \times 2) + (1+4 \times 3) + \cdots + (1+4 \times 98) + (1+4 \times 99) = 1+5+9+13+ \cdots +393+397$입니다.

 이걸 언제 계산하지?

 다음과 같이 써 보세요.

$1+5+ \cdots +393+397$

$397+393+ \cdots +5+1$

위아래 수의 합이 모두 398이죠? 그럼 398이 100개 있으니까 39800이 되고, 이것을 절반으로 나누면 19900이 되는데 그게 바로 다이얼 번호입니다.

 그렇군요.

 그럼 판결합니다. 항상 수학에 무지한 사람들이 문제가 잘못
되었다고 탓을 하지요. 피고 측 증인이 말한 대로 이번 문제
는 규칙을 알면 10분 만에 충분히 해결할 수 있다고 보이므로
원고 측의 고소를 기각합니다. 앞으로 과학공화국의 많은 국
민들이 수학에 좀 더 가까이 다가갈 수 있기를 희망합니다.

 고대 거듭제곱의 수열

고대 바빌로니아 사람들의 수학 자료를 많이 가지고 있는 미국 예일대학에는 기원전 300년쯤 바빌
로니아 사람들이 계산한 것으로 알려진 다음과 같은 수식이 적혀 있다.
$$1+2+2^2+\cdots+2^9=2^9+2^9-1$$
즉 바빌로니아 사람들은 2800여 년 전에 벌써 곱해뛰기를 이루는 수들의 합을 계산하는 방법을 알
고 있었다는 말이다.

수학성적 끌어올리기

무한등비수열

다음과 같은 등비수열을 무한히 더한 합을 구해 봅시다.

$$[가] = 2 + \frac{2}{3} + \frac{2}{9} + \frac{2}{27} + \cdots$$

이 수열의 각 항은 다음과 같습니다.

(제1항) $= 2$

(제2항) $= 2 \times \frac{1}{3}$

(제3항) $= 2 \times \frac{1}{3} \times \frac{1}{3}$

(제4항) $= 2 \times \frac{1}{3} \times \frac{1}{3} \times \frac{1}{3}$

이 수열은 제1항이 2이고 공비가 $\frac{1}{3}$인 등비수열이군요. 이 합을 구해 봅시다. 주어진 식에 $\frac{1}{3}$을 곱하면 다음과 같이 됩니다.

$$\frac{1}{3} \times [가] = \frac{2}{3} + \frac{2}{9} + \frac{2}{27} + \cdots$$

과학공화국
수학법정 8

이 관계식을 처음 식에 넣어 봅시다.

$$[가] = 2 + \frac{1}{3} \times [가]$$

양변에서 $\frac{1}{3} \times [가]$를 빼 줍시다.

$$[가] - \frac{1}{3} \times [가] = 2$$

여기서 $[가] = 1 \times [가]$이므로 위의 식은 다음과 같이 됩니다.

$$1 \times [가] - \frac{1}{3} \times [가] = 2$$

따라서 다음과 같이 되지요.

$$(1 - \frac{1}{3}) \times [가] = 2$$

양변을 $(1 - \frac{1}{3})$로 나누어 봅시다.

$$[가] = 2 \div (1 - \frac{1}{3})$$

따라서 다음과 같은 규칙을 찾을 수 있습니다.

공비가 1보다 작은 수인 등비수열에 대해 무한히 많은 항을 더한 합은 (제1항)÷(1-공비)가 된다.

무한수열의 다른 예

다음과 같은 수열의 합을 보겠습니다.

$$1 + \frac{1}{2^2} + \frac{1}{3^2} + \frac{1}{4^2} + \frac{1}{5^2} + \frac{1}{6^2} + \frac{1}{7^2} + \frac{1}{8^2} + \cdots$$

이 수열 역시 나중에는 항이 1을 큰 수의 제곱으로 나눈 값이 됩니다. 예를 들어 이 수열의 10000번째 항은 $\frac{1}{10000^2} = \frac{1}{100000000}$ 이 되어 아주 작은 소수가 됩니다. 물론 더 큰 항은 더 작아지지요. 그럼 이 수열을 끝없이 더한 결과는 유한한 수가 될까요? 결론부터 말하면 그렇습니다. 이제 이 수열의 합이 유한한 수가 되는 것을 보여 드리겠습니다.

우선 다음과 같이 괄호를 넣어 봅시다.

$$1 + (\frac{1}{2^2} + \frac{1}{3^2}) + (\frac{1}{4^2} + \frac{1}{5^2} + \frac{1}{6^2} + \frac{1}{7^2}) + \cdots$$

첫 번째 괄호를 봅시다. 2^2과 3^2 중에서는 3^2이 크지요? 그러므로 $\frac{1}{3^2} < \frac{1}{2^2}$이 됩니다. 따라서 다음 식이 성립합니다.

$$\frac{1}{2^2} + \frac{1}{3^2} < \frac{1}{2^2} + \frac{1}{2^2}$$

$\frac{1}{2^2} + \frac{1}{2^2} = \frac{1}{2}$이므로 첫 번째 괄호는 $\frac{1}{2}$보다 작습니다.

이번에는 두 번째 괄호 안을 봅시다. $\frac{1}{4^2}$, $\frac{1}{5^2}$, $\frac{1}{6^2}$, $\frac{1}{7^2}$ 중에서 제일 큰 수는 $\frac{1}{4^2}$입니다.

그러니까 $\frac{1}{5^2} < \frac{1}{4^2}$, $\frac{1}{6^2} < \frac{1}{4^2}$, $\frac{1}{7^2} < \frac{1}{4^2}$ 이 됩니다. 그러므로 두 번째 괄호에서 $\frac{1}{5^2}$, $\frac{1}{6^2}$, $\frac{1}{7^2}$ 을 모두 $\frac{1}{4^2}$로 바꾼 것은 두 번째 괄호보다 큽니다.

$$\frac{1}{4^2}+\frac{1}{5^2}+\frac{1}{6^2}+\frac{1}{7^2} \ \langle \ \frac{1}{4^2}+\frac{1}{4^2}+\frac{1}{4^2}+\frac{1}{4^2}$$

이므로 다음 식이 성립합니다.

$$\frac{1}{4^2}+\frac{1}{5^2}+\frac{1}{6^2}+\frac{1}{7^2} \ \langle \ \frac{1}{4}$$

두 번째 괄호는 $\frac{1}{4}$보다 작아지는군요. 이런 방법으로 $\frac{1}{8^2}$ 부터 $\frac{1}{15^2}$ 까지의 합은 $\frac{1}{8}$보다 작아집니다. 그러므로 구하려고 하는 수열의 합은 다음 식을 만족합니다.

$$1+\frac{1}{2^2}+\frac{1}{3^2}+\frac{1}{4^2}+\frac{1}{5^2}+\frac{1}{6^2}+\frac{1}{7^2}+\cdots \ \langle \ 1+\frac{1}{2}+\frac{1}{4}+\frac{1}{8}+\cdots$$

오른쪽을 보면 제1항이 1이고 공비가 $\frac{1}{2}$인 등비수열의 합입니다. 이것은 앞에서 계산했듯이 2가 됩니다. 그러므로 다음 식이 성립하지요.

$$1+\frac{1}{2^2}+\frac{1}{3^2}+\frac{1}{4^2}+\frac{1}{5^2}+\frac{1}{6^2}+\frac{1}{7^2}+\cdots \ \langle \ 2$$

수학성적 끌어올리기

구하려고 하는 수열의 합이 2보다 작군요. 그러므로 이 수열의
합은 유한한 값이 됩니다.

수학과 친해지세요

과학공화국 법정 시리즈가 10부작으로 확대되면서 어떤 내용을 담을까 많이 고민했습니다. 그리고 많은 초등학생들과 중고생, 그리고 학부형들을 만나면서 서서히 어떤 방향으로 시리즈를 써야 할지 생각이 났습니다.

처음 1권에서는 과학과 관련된 생활 속의 사건에 초점을 맞추었습니다. 하지만 권수가 늘어나면서 생활 속의 사건을 이제 초등학교와 중고등학교 교과서와 연계하여 실질적으로 아이들의 학습에 도움을 주는 것이 어떻겠냐는 권유를 받았고, 전체적으로 주제를 설정하여 주제에 맞는 사건들을 찾아냈습니다. 그리고 주제에 맞춰 사건을 나열하면서 실질적으로 그 주제에 맞는 교육이 이루어질 수 있는 방향으로 집필해 보았지요.

그리하여 초등학생에게 맞는 수학적 주제를 여러 가지 선정해 보았습니다. 수학법정에서는 수와 연산, 도형, 방정식, 부등식, 확

률과 통계, 수학 논리 등 많은 주제를 각권에서 사건으로 엮어 교과서보다 재미있게 수학을 배울 수 있도록 하였습니다. 부족한 글실력으로 이렇게 장편 시리즈를 끌어오면서 독자들 못지않게 저도 많은 것을 배웠습니다. 그리고 항상 힘들었던 점은 어려운 수학적 내용을 어떻게 초등학생, 중학생의 눈높이에 맞추는가 하는 거였습니다. 이 시리즈가 초등학생부터 읽을 수 있는 새로운 개념의 수학 책이 되기 위해 많은 노력을 기울였고, 이제 독자들의 평가를 겸허하게 기다릴 차례가 된 것 같습니다.

한 가지 소원이 있다면 초등학생과 중학생들이 이 시리즈를 통해 수학의 개념을 정확하게 깨우쳐 미래의 필즈메달 수상자가 많이 배출되는 것입니다. 그런 희망은 지칠 때마다 항상 제게 큰 힘을 주었던 것 같습니다.